为了人与书的相遇

物质的秘密

藏在微观粒子里的神奇世界

[法] 埃蒂安·克莱恩 著

龚蕾 译 郭彦良 校

广西师范大学出版社
· 桂林 ·

Original Title: *Les secrets de la matière*

by Étienne Klein

© Plon, 2008

Simplified Chinese edition arranged through Dakai Agency Limited

图书在版编目(CIP)数据

物质的秘密：藏在微观粒子里的神奇世界 / (法)
埃蒂安·克莱恩著；龚蕾，郭彦良译.
— 桂林：广西师范大学出版社, 2018.5
ISBN 978-7-5598-0795-3

Ⅰ.①物… Ⅱ.①埃… ②龚… ③郭… Ⅲ.①微观粒子－普及读物
Ⅳ.①O572.2-49

中国版本图书馆CIP数据核字(2018)第072190号

广西师范大学出版社出版发行

　广西桂林市五里店路 9 号　邮政编码：541004
　网址：www.bbtpress.com

出　版　人：张艺兵

责任编辑：罗丹妮

封面设计：Atelier AAAAA

全国新华书店经销

发行热线：010-64284815

山东鸿君杰文化发展有限公司

开本：880mm×1230mm　1/32

印张：5　字数：84千字

2018年5月第1版　2018年5月第1次印刷

定价：39.00元

如发现印装质量问题，影响阅读，请与印刷厂联系调换。

目录

引　言

一切事物皆由心中矛盾烦乱而始。

——安托南·阿尔托

大海中的水、我们呼吸的空气、山中的岩石、一颗钻石、一颗星星、猫的眼睛，这些事物之间有什么关系呢？表面看似乎没有任何联系。但在纷繁复杂的现象、形形色色的物质和千变万化的形态背后，物理学家们走过了许多弯路，最后终于找到了构成它们的基本单位。我们周围的所有物体都有一个共性，即由相同的基本物质单位组成，换句话说，这些物体都由相同的粒子组成。从这个角度来说，在各种形体之间存在着"素材的共同体"（communauté de substance），而它们以物质的方式呈现出来。

所有物质构造都由这些单位构成，但这"真正的物质"却是肉眼无法看到的。为了能够掌握和理解它，我们必须穿过表象，不局限于即时感知，深入内部观察。

最终我们主要有两种和现实世界接触的可能：一种是原始的、直接的接触，就是触碰东西，感受它们并赋予它们比较显见的性质，但得出的结论无非是能感受到它们的存在；另一种是"映射"接触，就是通过在可见与不可见事物之间的对应规则，用我们已经了解的构造东西的知识（换句话说即用它们的设定概念），代替东西本身的存在。物理学采用的正是这第二种接触，即抛开物质的表象，用其他的东西替代这种表象。物理以更具有可操作性但也更抽象的方式呈现物质，以便让人们能更好地了解他们所研究的实在（réalité）并对实在加以影响。

为什么？因为如果我们想要了解世界的定律，那么仅仅被动地观察世界是不够的：必须积极地分析它的组成部分，以便辨别某些组成部分之间明确的关系。尽管有些矛盾，但却是事实，正是这项思考、筛除无用数据的工作（也就是抽象），让我们得以了解事物和经验的逻辑，进而掌握它们内在的联系。因此，当伽利略写出关于物体下落的第一个数学物理定律时，他撇开了物体的一切特殊品质（形状、材料、重量）及空气阻力的影响，以便将问题简化为坠落的时间、物体下落所在位置的加速度及运动物体下落过程中得到的速度三者之间的关系。像这样将注意力集中到少部分、有限的参数上去，参数之间的关系自然而然地就在公式里体现出来，这种方法同时也避免了与物质的直接相遇，但这么做正是为了能够更好地深入到谜团中。

总之，物质总是先在不同的地方被人们发现，然后再通过测量、实验和方程式等一系列的"折腾"，最后重新回归到物质本身，以真实的面目展现在大家面前。

1

原子：从概念到发现

那没有看见就信的人有福了。

——《约翰福音》第 20 章第 29 节

原子的概念是什么时候出现的？

正如岩石、水、空气、树木和植物，我们都是由很小的物质颗粒组成的。这些微小的颗粒，我们称之为**原子**。无论是天上的还是地下的，静止的还是活动的，脆弱的还是坚固的，所有普通物质都由原子组成。

这一概念直到一个世纪以前才被科学家们广为接受，而在此之前很久（公元前好几百年）它就已经出现在古希腊罗马时代的某些思想家的想法中。从物质不能被无限分裂的原则出发，他们认为，必须承认在物质的内部应该存在着一个极限，一旦到达这个极限，我们无法继续分割物质。肯定存在一个"物质的最小块"：这一极端的、不可分割的实体，被他们称作"原子"（atome），在希腊语中意为"不可分割"。

但思想家们不能看到这些原子，也不能以任何方式感知到它们。于是，他们幻想着这些原子，甚至建立了一种"尘埃的形而上学"（métaphysique de la poussière）：他们幻想着原子是坚不可摧的、永恒的、充盈的，内部没有空隙，他们想象着原子在真空（vide）中不停运动。物质之间的碰撞会形成物质小块，应该能让我们看到、触碰到原子。这些小块之于物质就像是文字之于词句：通过不同的组合，它们应该能够组成那些围绕在我们身边的所有物体。

但有一点不同：原子的组成结构是不稳定的。这些结构存在的时间多多少少都有点短，在某一天应该会解体；而在原子这边，没有任何事物能够改变它的本质。原子是物质永恒的唯一的组成部分，不会随着时间的流逝而改变。

一般来说，古希腊罗马时代的原子论者认为物体并不一定有着与组成它们的原子一样的特性。因此，红色组织中的原子并不是红色的，而在贵重宝石中找到的原子既不是特别坚硬，也不是特别耀眼。

这已是 25 个世纪以前的事了。现在我们知道，这些天才的思想家已经触到问题的核心，但那时他们鲜有追随者。在很长时间里人们更倾向于追随"伟大的亚里士多德"的脚步。和原子论者相反，亚里士多德认为物质是连续、可以无限分裂的，人们永远不会触碰到它的极限。

因为原子论者提出的这一原子概念有些深奥难懂，它很快就在众人的质疑声中失去了支持。尤其因为在大部分古希腊罗马时代的人眼里，能让原子在其中运动的真空应该是不能存在的。这一设想直到 19 世纪才真正重现，但在那时的物理学家群体眼中，它仍然是一个有争议的主题：相信这一概念的人激烈地反对那些不相信它的人。反对者尤其指责，原子只是一种形而上学的空想，一个看不见的对象，一种无用的幻想。

人们在什么时候、以怎样的方式发现了原子？

20 世纪初期，物理学的进步突然加速。1905 年（物理学的"奇迹年"）5 月，一个名叫阿尔伯特·爱因斯坦的人发表了一篇文章，引起了科学史上真正的巨变，因为在文章的指引下，其他科学家很快找到了证明原子存在所需的那些实验证据。年轻的爱因斯坦想要找到新的有利于原子假设的证据。因此他对一个表面上毫无意义的现象产生了兴趣，那就是**布朗运动**。这一术语指的是流体中粒子进行的不停顿的运动。如果我们将花粉颗粒倒入一滴水中，我们就可以通过显微镜观察到这些颗粒的运动轨迹是不规则的、完全偶然的，这就是布朗运动。爱因斯坦提出了一个假设并以此为基础进行计算。他假设，这些颗粒的无规则运动，远非简单随意的频繁变化，而是透露了一个隐藏的秩序：悄悄决定着花粉颗粒、迫使它们不停改变方向的，是在不停地撞击花粉颗粒的水分子。

1906 年的巴黎，一位下巴上蓄着小胡子的学者，让·佩兰，进行了多项实验，证实了爱因斯坦的假设。分子及原子的真实性就这样确立了。原子成为了物理学可以掌握的一个对象。

在最开始，1906 年至 1911 年间，人们对原子的看法停留在与古希腊罗马时代的人几乎一致的阶段：原子是最基本的、无法分割且永恒的实体。但人们很快就发现这一观念简直太天真了。原子真正的构造一点儿也不简单。原子本身就是一个世界，与古希腊人设想的概念非常不同。在几年的时间里，多个相关发现引起巨大反响，它们摧毁了从古代原子论者和牛顿力学承袭而来的天真唯物论的基础：物质不能再被看作一堆数量巨大、像台球一样相互撞击着的微粒的简单集合。

原子就如樱桃，有一个核：它们不是不可分割的！

欧内斯特·卢瑟福首先取得了重大突破。1909 年，在同事汉斯·盖革的帮助下，他将第一台能够逐个探测阿尔法（α）粒子的计数器投入运行。得益于这一仪器（盖革计数器的前身），卢瑟福成功地辨认 出了这些粒子的性质，而在那之前人们并不了解它们。他写道："α 粒子是氦原子，或者更确切地说，它们一旦失去了正电荷，就变成了氦原子"。

这位被称作"曼彻斯特之鹰"的学者在那时有个奇怪的想法：用 α 粒子轰击一片薄金属箔、金箔或铝箔。随着实验进行，在放置于金属箔后的白布幕上，他观察到 α 粒子构成的图像变得模糊了，似乎某些粒子在它们经过金属箔时改变了方向。是什么因素导致它们改变方向呢？是许多小的变向相互叠加产生的累加效应，还是一次变向产生的结果？卢瑟福感到困惑，于是他要求他的一位学生，欧内斯特·马斯登，去查看有没有偏转角度大的粒子。结果大大出乎他的意料：马士登观察到大约有万分之一的粒子在金属箔上弹起，有些甚至完全掉了个头！

卢瑟福惊呆了——有谁曾经看到过枪的子弹在纸上弹起来吗？经过长时间的思考，卢瑟福在 1911 年初得出了一个在他看来不可避免的结论：要使一个 α 粒子向后倒退，必须让它受到由质量足够大的物体施加的非常巨大的推力，并且是在单次碰撞中，因为我们无法按多个小的变向的叠加来理解这个现象（在这种情况下，向后偏转的粒子数量会比测量到的数值少很多）。总之卢瑟福了解到，在物质之中潜藏着一些比原子小得多的坚硬的点。所以原子只能是这样一个结构：它由高密度的核和在核周围运动的电子组成。卢瑟福还了解到每个原子核都带有一个正电荷。至此，他的实验结果变得很容易解释了：金属箔中的原子核强烈地反弹了那些向着它们逐渐靠近的带有正电荷的粒子，但对那些从"远处"通过的粒子没有反应。因为粒子的大小比两个原子核之间的距离小得多，所以大部分粒子都几乎毫无阻碍地通过了障碍物，但它们中的小部分"碰到"原子核并被强烈地弹回。

原子由原子核和电子组成，它既不是最基本的也不是不可分割的，这与古希腊哲学家们所想的相反。在 25 个世纪的等待后，得益于卢瑟福，原子终于从它的词源（蕴含"不可分割"之义）中解放出来了。"atome"这个名称不再适合原子！我们真的可以将原子切成几块。例如，如果我们将它们加热或点燃，就可能夺走它们的一个或多个电子。外围的电子剥离，也就是丢失了带负电荷的电子后，原子就变成了带正电荷的"离子"。

原子有多大？

原子并不会呈现出球体的形状，但我们能给它们一个（球形）空间，直径等于它们所含电子的轨迹可达到的最大范围。这一直径的长度约为 10^{-10} 米。也就是说在 1 米的长度上，我们可以挨个放上 100 亿个原子（暂时忽略它们之间的斥力）。尽管原子核占据了原子的主要质量，但它的大小还不足原子大小之万一。

在原子核和电子之间又有什么呢？空隙（vide）。除了空隙、空间之外，什么都没有。但是，如果说在原子内部有空隙，原子就不是一个充盈的实体。再一次，这里的发现与古希腊罗马时期的描述相反。所谓的"物质的颗粒"事实上展现出的却是内部充满了……空隙。

在发现原子核后的几年间，人们越来越清楚地认识到，普通的物理定律不能用于描述原子的特性和运动。物理学家们尤其不理解原子是如何发出或吸收光的。这一认知迫使他们在纠结痛苦中麻醉自己，放弃既有经典物理学中最牢固的某些原则。几世纪来人们确信不疑的一些观点第一次受到了质疑。但是，只用了几年的时间，物理学家就建立了一个全新的方法来理解这个无限小的世界——从未听闻的概念、新颖的思考方法、新的定律很快就使新的物理学形成，它专门针对原子和原子的组成部分，这个新的物理学就是"量子物理学"。

原子与经典物理学定律的对抗

嘘，我们正在旋转。

——一个无名电子

我们来看一下氢原子，它是最简单的。它的原子核由一个带正电荷的简单质子构成。在这个最小的原子核周围，有唯一的一个电子围绕着它旋转，电子非常微小，受到电荷吸引力影响而与质子相连，质子与电子所带电荷相反。电子的速度非常惊人：在 1 秒钟的时间里，电子会围绕原子核旋转 1 亿亿圈……

1911 年，在完成了他的著名实验之后不久，卢瑟福注意到这微小的由两个物体组成的系统让人想起已广为人知的"双物体组合"，即太阳和地球的组合。这位原子核的发现者设想，这种类比是完全准确的，氢原子的确是微观行星系统，需要用显微镜才能看到。在这个系统中，原子核扮演了太阳的角色，而电子则好比是一颗行星。因此我们假设在这两个系统之间只有大小的差异——原子只是双物体组合按比例缩小直至最小体积后得到的。卢瑟福使原子成为了一个我们熟悉的对象，可以用经典物理学来描述。

这样的比喻恰当吗？让我们思考两秒钟。

如果这一模型——卢瑟福原子模型——是正确的，那么电子就应该有一个明确的轨道，与行星因引力而围绕太阳旋转的轨道同样明确：电子被迫不知疲倦地根据某个椭圆形的轨道围绕着原子核旋转。至少经典力学是这样构想的，它只是设想物体在空间中有确切的位置，有固定的轨道，完全服从于它们所受的力。事实上，对电子来说事情并不是这么简单。因为它围绕着原子核旋转，所以它像转弯时的汽车一样，承受了一个**径向加速度**。在这样的条件下，电磁学方程式意味着，因为电子带有电荷，它以向外发射光的方式来消耗自己的能量（这是它让自己的"轮胎"和地面发生摩擦的方式）。直到这里，还没什么严重问题。只不过稍稍让人困惑：原子不是不能发光吗？卢瑟福模型能够为解释这一现象提供一个起点。

但是，如果仔细看，我们会发现一个问题：因为电子要失去能量，它就应该无可避免地沿着螺旋状的轨道靠近原子核，直到最终撞到原子核之上。这是一个灾难：我们的模型，虽然如此适合太阳和诸行星（后者似乎不会掉到太阳上），但当它应用到氢原子身上却使氢原子成为了一个并不适合长期存在的实体：电子只需要一瞬间就会掉到原子核上。这个模型没有遵守原子最基本的条件：氢原子拥有稳定的结构，如果它真的是如同缩小后的行星系统，那么事情的结果就会截然不同。

从这段虚构的故事中我们可以认识到，经典物理学原

光（正如物质）由一种颗粒组成：光子

爱因斯坦在他的"奇迹年"（1905 年）里撰写的第一篇文章题为《关于光的产生和转化的一个启发性观点》（*Sur un point de vue heuristique concernant la production et la transformation de lumière*）。在文中他提出，光并不是像人们想象的那样是连续的现象，因为光是由许多"量子"（某种发光的能量颗粒）承载的，在二十年后它们被称为"**光子**"。量子的概念使得爱因斯坦能够巧妙地解释由海因里希·赫兹于 1887 年发现的**光电效应**特征：一个被蓝光照亮的导体会发射出电子束，但如果照亮同样导体的是红光，则不会出现这一现象，即便红光的光强很强。既然蓝光和红光本质相同，即组成它们的电磁波仅仅存在着频率上的差别，那么如何解释这个效应里它们之间如此根本的差别呢？

爱因斯坦重拾了由马克斯·普朗克在 1900 年展开的某些论证，并理解了两件事。第一是光在某些方面有着粒子的结构而不是波状结构，这是从光是由小的能量块（即"量子"）构成的意义来说的。第二则是由这些量子承载的能量取决于光的颜色，或者更确切地说，取决于光的频率：蓝光中的量子相比于红光中的包含有更多的能量，因为它们的频率更高。

那么我们要怎么理解光电效应呢？当光与金属接触时，**光量子**将它部分或全部的能量转移给金属中被禁锢的电子，电子于是获得能量后跃迁成为自由电子并开始活动。当然，条件是光量子的能量足够完成这一行为。这是为什么在这种情况下蓝光的光量子可以，而红光的光量子则不行。

理，以及（更广泛地说）这些原理多多少少借鉴的源头，即那些我们熟知的、在日常生活中遇到的概念，只在一定范围内有效。站在无穷小的世界的入口，经典物理学似乎突然失效了。

光子的假设解释了为何在一定频率的光的**辐射**之下，没有任何电子被发射出去。它构成了量子物理学的出发点之一——量子物理学解释了光的行为，同样还有微观层面物质的行为。

原子遵循哪些定律？玻尔模型及其局限

1913 年，尼尔斯·玻尔了解到原子是一个相当特别的实体，是某种不可见的新大陆，通过探索原子，人们将发现新的物理定律。玻尔提出了一个革命性的原子模型，这一模型建立在两个大胆的假设之上，它们完全超出了经典物理学的框架。

第一个假设是，不是所有轨道都向电子开放。电子只能在部分轨道上运动，其他轨道都行不通。每条允许电子存在的轨道都与确定的能量相对应，这个能量值描绘了轨道的特性。所以原子中的电子无法拥有任意的能量：它的能量是"量子化的"。

第二个假设是关于原子发出的辐射。玻尔假设当电子在（允许它存在的）轨道上旋转时，电子不发光，这与经典物理定律的设想相反！但它有可能突然从一个轨道跳到另一个能量更小的轨道上。当它实现这样的一次跳跃时，电子会释放一个光粒子，这个粒子携带着出发轨道和到达轨道之间的能量差。在这一过程中，电子的这部分能量突然转化成为光……

允许电子存在的轨道并不是随意的，它们各自的能量分布在一个不均匀的阶梯上，以至于原子辐射光的光谱是不连续的。光谱不包含所有的频率。它看起来更像是由特定的光谱带（raies）组成，光谱带（对应的频率）与电子从一条允许它存在的轨道向另一条轨道转移产生的能量差相符。这些光谱带组成了某种有着不规则齿的梳子：我们把这种光谱称为"离散的"，以区别于"连续的"。

在所有能容纳电子的轨道中，有一条能量最低的。电子不能从这条轨道下降到一条能量更低的轨道。它也无法跑到原子核上，因为这会使它失去能量，以至于最后电子达到的能量低于轨道所允许的最小值。能量最低的这条轨道，其上电子的能量也最小，符合人们所说的电子的基础状态。它的存在阻止了原子中的任何电子撞击到原子核上，使原子成为了一个稳定的结构。

为什么电子只能有某些特殊能量？

玻尔模型立刻赢得了巨大成功，特别是它将原子辐射光的带状结构——实验人员越来越精细地探测到这一结构——解释为由原子发射的光形成的光谱。但这个模型还不够严密。

与这一模型表述的相反，人们发现电子在原子中并没有确定的轨道。于是大家也不知道如何确定它们的轨道。它们在空间里似乎更像是离散的。

逐渐地，在 1920 年代间，物理学家们最终只保留了玻尔模型的一个观点：原子的电子只能以某些特殊状态存在；这些状态的特性表现为电子的能量，而不是经典术语中的轨道。

至少这是维尔纳·海森堡证明的，与原子是什么相比，他对原子做了什么更感兴趣，特别是当它们与光相互作用的时候。

1925 年春天，他起草了一份关于原子的报告，这份报告只采用了可观察的物理量，例如原子能够辐射或吸收的光的频率或强度。为了描述每一种物理量，他使用了一些从未用于物理学的数学工具：矩阵，即正方形或长方形的数字列表。尽管这些矩阵可能让人觉得很抽象，但在海森堡眼里，它比普通数字能更好地描述电子在允许达到的不同能级之间的转换。

他还引进了一个新概念，**量子跃迁**，以表明电子从一个能级到另一个能级的转移，这一转移还伴随带有能量差的光子（即光粒子）的释放。但使用这种抽象概念是要付出代价的：量子物理学的教学变得更加困难了。

海森堡解释道，的确，我们不可能表述出在空间和时间中量子跃迁是如何产生的。这涉及一个不可见的事件，寻常的表述方式无法将之呈现出来。

普朗克常数和海森堡不确定性原理

普朗克常数是一个通用常数，被记为 h。它的数值为 6.622×10^{-34} 焦耳每秒。它构成了量子世界的标志：在其中如果占统治地位的仍然是经典物理学的话，普朗克常数的数值应该为零。

普朗克常数也在海森堡"测不准原理"方程式中扮演了重要角色，人们对此常这样概括：人们不能同时知道一个粒子的位置和速度。然而这一表达是有争议的，因为它的潜台词是，那个粒子拥有一个准确的位置和准确的速度，只是我们无法同时了解它们罢了。但事实并非如此。我们更应该说"不确定性原理"（principe d'indétermination）而不是"测不准原理"（principe d'incertitude）。

一个比较好的诠释海森堡原理的方式应该是，并不是不能同时测量粒子的位置和速度，而是一个粒子永远不会同时拥有这两种属性。因为在量子物理学中，粒子从来不会被表述为一个几乎为点状的微小颗粒，或被表述为一个能同时拥有确切位置和确切速度的**质点**。更确切地说，这两种属性永远不能同时被赋予一个指定的粒子。至于轨道的概念，假设粒子在轨道上的每个点的速度和位置都是可知的，那么轨道这个概念也就失去了大部分意义。海森堡原理被人们戏称为"圣经"，但是与之相反，他的"不确定性原理"并不是由我们自身能力的局限所造成的：它既与实验设备的完美性没有关系，也与我们测量能力的任何局限没有关系。它完全不是测量行为本身的不准确或不确定导致的：在量子框架中，位置和速度的测量可以像经典物理学一样精确到任何我们想要的程度。只是这两种测量不能同时进行，否则就需要假设粒子同时拥有一个位置和速度，而这是不可能的，因为它不是质点！所以必须做出选择：要么测量位置，要么测量速度。

事实上，如果人们不对粒子进行测量，那么它既没有确定的位置，也没有确定的速度。尽管这似乎令人难以置信，但却是测量本身在测量速度时使得粒子有速度，或在测量位置时使得粒子有位置。

在相同条件下，如果我们测量（用同样方式描述的）多个粒子的位置，几次测量并不会给出同样的结果。每次测量得到的结果都会很明确，但每个粒子的结果都不同，数据分散在一个平均值周围。按照统计结果，它们是"离散的"。如果我们选择速度测量也是一样。假设我们在一定的物理条件下制备大量电子，所有电子的物理状态都一样。我们测量其中一些（比如一半）电子的位置：每次得到的结果会有区别并会分散在一个平均值的周围。我们测量另一半电子的速度，结果也同样会是离散的。海森堡原理会如何解释这一情况？它会说，在位置上测量到的**离散差**与在速度上测量到的离散差的乘积永远不会为零：它一定会高于或等于普朗克常数除以某些数。

我们可以看到，通过普朗克常数，海森堡原理对粒子质点的表述进行了限制：总之，它标示出了经典物理概念框架适用范围的界碑。

我们能画出原子吗？

> 在沉睡时进入梦乡，只因白日时光匆忙。
>
> ——罗伯特·德思诺

最终，现代物理学并没有用图像去呈现原子。人们今天也不再谈论原子的"模型"，因为人们无法将之画出。我们无法给出原子的直观表现，而只能依赖抽象的数学符号来描述它。因为量子物理学，原子的呈现方式不再明白易懂，但也多亏了它，我们对物理世界的了解获得了长足进步。描述量子的这种形式化方法确实使人们能够对特定的事物——即那些处于极小世界中的、可观察或可测量的事物——进行非常准确的预测，还没有任何实验能够找出这类预测的漏洞。

但有一点我们必须接受：量子物体有着任何日常物体都无法复制的奇怪行为。为了解它们，我们应该打破常规，放弃一切对物体的视觉上的呈现。**不停运动的原子核一点也不像人们经常将它比喻成的那种静止的覆盆子；另外，围绕着它旋转的电子也没有我们通常在图像**

中赋予它们的轨迹；它们也不像某些呈现中的那样是一团分散的、模糊的云，这些呈现表面上似乎更严谨，试图让人觉得电子没有真正的轨道。因为电子并不是游离弥散的胶状物（ectoplasmes délocalisés）！如果我们尝试通过波长非常短的光来确定它们的位置，我们会在这个点或那个点找到它们，完美地确定它们的位置，但在同一原子上进行多次测量，其结果却不会有重样。所以电子云完全不能代表电子，既不能代表它们的形状也不能代表它们所谓的"模糊的"轨迹：它们只能描绘出空间中的某些区域——在这些区域中我们有很大的可能性（从统计学上来说）能够探测到电子。

那么，在没有正确图像的时候，我们又能了解到些什么呢？图像、插图或图表是帮助人们理解它的重要部分，这些直观图形的缺失的确使那些信奉眼见为实的人感到怀疑和沮丧。但相反，一部分人很高兴看到智慧能拒绝图像暗示或表露的东西并超越它，在他们心里，图像的消失反而产生了不可抗拒的吸引力。因为失去图像并不是失去一切。甚至正是量子物理学的抽象性，才能使得它的预测具有超乎寻常的有效性。这证明，科学思考即使没有自然引导或它传递的形式不符合理所当然的信念，仍然能够创新且保证它的准确性（特别是得益于数学的应用）。

但是需要承认，摆脱了视觉和直觉中的形式主义之后，我们对科学思考的掌控变得特别棘手和冒险。这样的状况实属罕见。在整个 19 世纪，物理学家们观察到了他们所认为的"大型通用机器"[*]并企图尽可能以详细的方式记录下他们的蓝图。当然，他们揭示的很多现象并不总能符合我们感官察觉到的表象，但他们似乎一致地支持一种完整、连贯的（对世界的）知识性呈现。即使是像速度、加速度或温度一样数学化的概念——它们得益于伽利略、牛顿和其他几位值得称颂的物理学家的努力才能够形成理论——也能重为我们的常识理解启用，变得自然而然。而量子物理学打破了这种舒适：在量子物理学的视角下，现实与知识的关系脱去了错误的"印证色彩"。

---

[*] 牛顿以来的启蒙学者的一种愿景，认为世界是一个完美的大型机器。这一图景的影响后来由物理学扩散到人类、心智、社会、生活领域，并于 19 世纪盛极转衰。（本书脚注，除特别说明外，均为译者、校译者或编辑加注）

人们能"看到"原子吗？

> 从长远来讲，最伟大的功绩莫过于能看透隐喻
> 背后的东西。
>
> ——亚里士多德

我们刚刚说没有任何图像能够表现量子物体。这就是说人们永远不能看到原子或粒子？对这个问题我们终于可以回答"不"了。其实一切都取决于如何定义"看到"。无论如何，得益于近期的技术进步，物理学家可以通过探测原子向外辐射的光而"看到"原子，就如我们能看到肉眼可见的物体。

我们的眼睛在凝视一个物体的时候，是在做什么呢？眼睛会收集由光源（通常是太阳）发出的光子，光子则是在这一物体表面的不同位置被反射。这些光子承载的信息随后被我们的大脑分析并重构成物体的影像。为了看到原子，物理学家采取了同样的方法，不同的是他们使用了激光束而不是太阳光或灯光作为光源。激光束激发了原子内部的跃迁，原子向不同方向辐射出光子。这些光子在相应

的光学元件的帮助下集中在一点，然后被非常灵敏的光电探测器探测到。所以原子以小光斑的形式出现，光斑的直径由使用激光的波长决定，其数值在微米（10^{-6} 米）数量级，即原子体积（10^{-10} 米）的 1 万倍数量级。所以观察测量无法给出原子构造本身的信息（人们甚至无法猜测到原子核的存在），而只能给出原子的平均位置。但这仍然足够——至少在特定条件中——让人分辨原子而将它们相互区分。于是人们可以通过（经过巧妙设计的）电磁场施加的力在真空中分离和俘获一两个或是多个原子。在这样的势阱 * 中，因为原子之间的距离是微米数量级，人们可以通过检测它们发出的光来独立观察它们，将它们计数，甚至跟踪它们的运动！

在固体中，原子之间的距离为几十分之一纳米（10^{-10} 米），对视觉观察来说太小。但人们仍然可以用电子显微镜去观察它们，也就是说用波长更短的电子光束代替激光。

原子世界与宏观世界至少有一个相同的特性，即可以

---

* 一个在某力场中运动的粒子，它的势能关于位移变化的关系可以在二维坐标系中呈现为一条曲线，曲线的形状非常像一个陷阱，当粒子位移距离到一定程度、势能跌入曲线最低谷时，它就处在势阱当中。

通过我们与物体之间的互动来"看到"它们。但是我们也不能因此就认为这两个世界遵循相同的定律。事实上，在微观层面物质是非常活跃的，它所经受的突然转变在我们从外部观察周围物体如桌子或石头时，是猜测不到的。也许，在这个小宇宙的竞技场中，它最微小的组成部分承受着某种我们不知道的力？如果是这样，那么这些力的本质是什么，它们又是如何产生影响的呢？

正是一个多世纪以前**放射性**的发现，第一次让物理学家得以面对无限小的世界中心出现的未知力量的效应。他们最终了解了放射性物体能够产生的不同辐射的根源，并发现了一个全新的世界，一个微观的、活跃的、激烈的、富有魅力的世界。这是一次彻底的颠覆。

我们在这里要暂停一下，因为这一物理学关键的历史时刻是绝佳的介绍和了解粒子世界如何为研究者发现的机会，这也是我们了解它们的运动遵循着哪些惊人定律的最好时机。

2

放射性

当一个女人为两人点了一份水果沙拉时，她完善了原罪。

——拉蒙·戈麦斯·德·拉·塞尔纳

正如总是发生在真正的研究者身上的事情一样，1896年的美好的一天，一位名为亨利·贝克勒尔的法国物理学家，发现了与他的研究完全无关的东西。

放射性是如何被发现的？

在那时候，人们还只知道一种肉眼看不见、能够穿透物质的射线——**X 射线**，德国一位叫伦琴的人刚刚发现它的存在。

这一事件引起了强烈反响：得益于 X 射线，人们可以看到身体内的骨骼了！

贝克勒尔通过研究磷光现象发现，某些物体在停止接受照射很久后仍然可以继续发出光。他当时考虑的一个问题是，某些带磷光的物体在通常发出的光之外，是否会发出几束神秘的 X 射线？

磷光现象和 X 射线的释放会不会是同一现象共存的两面？的确有可能！

为了弄清楚这个问题，贝克勒尔选取了带磷光的盐，盐里包含了钾和铀的化合物，他将盐放在一个由两张黑纸包裹的照相制版上面，然后将盐和照相制版一起放在太阳下照射了几个小时。这是 1896 年 2 月 24 日。他给照相制版（底片）冲洗显影，发现底片上有一块黑色、与磷光物质的轮廓正好相符。也就是说，一部分由盐发出的射线的确穿透了黑纸片并使照相制版感光！

也许这就是 X 射线？

但真正戏剧化的一幕还没发生。

3 月 1 日，在巴黎连续几个阴天以后，贝克勒尔仍然好奇地给另一个没有离开过抽屉的照相制版冲洗显影。然而，它变黑了！这说明不可见的辐射在没有光刺激的情况下也发射出来了……

如果这种现象与磷光现象有关，那么它确实非比寻常，特别是不可见辐射的强度并不随着时间的流逝而减弱，而像淋浴头喷出的水流一样，从不间断。

3月中，他发现不含磷的铀盐同样也放出了这些辐射，于是问题变得更为神秘。贝克勒尔那时打了一次赌：他打赌这一结果完全是前所未闻的，这种现象的发生是因为这些盐里面的铀元素，这种纯金属会产生要比它的化合物更明显的结果。实验证明了这一设想。正是铀才是这些奇怪射线的根源！

这件事情与阳光没有任何关系。

所以说这里发生的并不是磷光现象，而是自发现象，一种似乎没有外部原因的现象……

要说轰动性的新闻，这绝对算是一个。如果说物质能够自发放射出射线，即能量，那么物质就并非一成不变。在铀元素里"一直发生着某种事情"，甚至是非常特别的事情，一种仅凭当时的物理学定律并不能了解的事情。于是两个问题开始萦绕在人们心头：

铀"放射"的这些辐射是由什么东西组成的？

铀是从哪里获得的能量以保持如此持久的放射？

放射性到底是什么？

> 世界上的人们对医生、妓女、水手、杀人犯、
> 伯爵夫人、古罗马人、阴谋家和波利尼西亚人
> 的生活十分了解，却对转换后变成我们这些人
> 的物质一无所知，我认为这是不公平的。
>
> ——普里莫·莱维

在那个几乎所有的科学家都是男性的年代，一位来自波兰的年轻女性取得了第一次大突破。她的名字是玛丽·斯克沃多夫斯卡。1891 年，她来巴黎的索邦大学读书，因为那时波兰大学还不收女学生。

四年后，玛丽与她实验室的上司皮埃尔·居里结婚，成为玛丽·居里（冠夫姓）。1898 年，她决定将铀放射出的神秘射线作为自己博士论文的主题。与当时许多法国物理学家所持观点相反，玛丽坚定地相信原子的存在：他们仍然只是将原子看作一个无用的假设，一个没有被直接观测到、未被证实的无稽之谈。玛丽很快就发现，含有铀的矿物，如沥青铀矿，比铀自身放出的辐射更多。她从中得

2 放射性

出了一个结论：这些物质包含着非常少量的、一种比铀还要活跃得多的元素。

在丈夫的帮助下，经过不懈努力玛丽终于分离出这一元素。她为这一元素起了个名字：**镭**。同时也借此机会创造了"**放射性**"一词，这个词很快就在全球非常有名了。

要说放射射线的能力，镭可是名副其实、毫不含糊！它的放射性是同等质量铀的 140 万倍。因此，不仅研究人员为之着迷，公众也一样。人们迅速赋予这些射线一些神奇的功能品质，认为它们拥有某种生命力量。一些报刊声称这些射线能够战胜癌症和结核，治愈阳痿和高血压，去除跖疣，防止脱发……只差没说能治疗失恋的忧伤了！对于患者们来说幸运的是，这种傻呵呵的热情并没有持续很久。镭确实能够治愈一些疾病，但并非所有疾病，也并非随意简单治疗就有效果。皮埃尔·居里本人在他获得诺贝尔奖之后的例行讲座中就已经提前告知人们"如果镭落入犯罪者的手中，它可能变得十分危险……"，同时他也乐观地总结道："有些人认为人类会利用新发现做更多的好事而非坏事，我也是其中之一。"

但我们别急着下结论。我们还没有说放射性到底是怎么回事儿呢。放射性物质在空间里散布的射线具有什么性质？它们的能量来自哪里？来自它们自身还是从外界吸取？这些问题成为了难题。特别是来自放射性的辐射并不是能直接被人们所感知：人们看不见、听不到也闻不到辐射，所以很难对它们进行研究。

但是，很快某些辐射就被发现是带有正电的，而且它们很容易被物质阻隔。人们称之为"α射线"。

另一些，穿透性更强并且带有负电，容易受由磁铁产生的磁场影响而出现偏移。人们称之为"贝塔（β）射线"。

最后一部分，人们还发现了穿透性特别强且不会因为磁场而发生偏移（即不带电）。它被称为"伽马（γ）射线"。

于是，**放射性至少有三种形式：α、β、γ。**

辐射从哪里来？

从这时开始，就像每次重要的发现出现以后一样，历史迅速发展。几年间，带着偏见的世界完全坍塌。物理学家以全新的目光看待物质，考虑对之做出前所未有的描述。

首先，正如前文所说，物理学家们发现这些组成物质的原子与以前的原子论者想象的跳跃碰撞的原子完全不同。放射性的发现是一个非常戏剧性的变化。在此之前，物理学家们都坚信物质是不变的，而且原子（如果存在的话）必定是不灭的。发现放射性后，他们意识到这些想法并不总是正确的。某些原子"经历着一些事情"，它们的性质、质量、物理特性会发生改变。这些原子不仅有着年龄，也同样会有生命的终点。对它们来说，时间会流逝，会让它们产生无法挽回的变化。

1913 年，卢瑟福的实验刚过去两年，尼尔斯·玻尔就有了另一个重要的发现：原子核而不是原子本身或电子才是放射性的根源。

（原子中的）外围电子在原子的外围运行，它们只参与化学反应。例如，这些电子能够与其他原子的电子相互作用并因此通过化学键将多个原子联系起来，成为一个分子。但电子与放射性完全没有关系。放射性对应的其实是某些原子核在一定时间后转变为其他原子核的过程，而伴随着这一转变的正是辐射或粒子的释放。我们称之为物质的**"衰变"**（transmutation）。

但是为什么某些原子核会自发发生衰变呢？德·拉·帕

利斯先生一定会说"因为它们是不稳定的"。*是的！但是它们为什么不稳定呢？

因为这些原子核包含了过多的能量。然而一个系统总是倾向于摆脱它过剩的能量。让我们来想想牛顿和他的苹果。苹果掉下来的时候，将它最初的能量即"势能"的一部分变成了动能，即运动的能量。当它落到地上不动了，它的动能重新归零，而它的势能的值小于最初的数值。苹果的下落降低了它的海拔高度，从而让它进入了一个更稳定的状态，在这个新状态下，苹果的势能更弱。

放射性与这个例子有点相似，但其中扮演重要角色的并不是重力，而是另一种更加强烈的力：**核力**，也就是将原子核的各个组成元素相互连结起来的力。

放射性其实是原子核最终找到的一个用来排出它过剩核能的方式。在放射出粒子的同时，放射性原子核转变为

---

* de la Palisse 又作 de la Palice，是法国 15 至 16 世纪的一位元帅，于 1525 年死于一场战争。法兰西士兵为歌颂他作诗传唱，其中一句是 "un quart d'heure avant sa mort, il faisait encore envie"（在死前的那一刻，他依然令人嫉妒），讹传之后变成 "un quart d'heure avant sa mort, il était encore en vie"（在死前的那一刻，他依然活着），但事情已经超出了人们的控制演变成一个俗语，"德·拉·帕利斯的真相"（vérité de la Palice），意指确认一件显而易见的事情（就像"一个人死前还活着"），旁观者因这个确认行为不由得笑起来。

别的原子核，以这样的方式新产生的物体的总质量比最初原子核的质量小。在这一活动中，有质量消失了。但它并未凭空消逝：它以能量的形态重获发现，即这一衰变产生的粒子所带的能量。这其实也是爱因斯坦 1905 年就已经说过的：能量与质量是等价的。$E=mc^2$……

放射性变得清楚明白是在 1930 年代，物理学家们明白了所有原子核都是由质子和中子组成，这些粒子也称为**"核子"**（nucléon），因为它们都是原子核（拉丁语为 nucleus）的组成部分。这些粒子间的相互关系比较复杂。质子带正电，质子之间因电荷间的作用相互排斥。但是如果它们像在原子核中一样离得非常近，那么另外一种非常强大的力，核力，则会试图反过来将它们聚拢在一起。而中子不带电，它们只受核力作用，核力则以相同的方式将它们与其他核子通通聚集起来，无论是质子还是中子。

概括地说，事情是这样的：在一个原子核中，如果质子和中子的核力和电荷间的作用力（**库仑力**）相互抵消，那么这个原子核就是稳定的；在其他情况下，质子和中子的数量不足以使吸引力和排斥力之间达到一种平衡，那么这个原子核就是带有放射性的：它最终会发生**衰变**

什么是化学元素？

所有原子核都由核子组成，也就是质子和中子。质子带正电，正好与电子相反。中子不带电。

原子核里质子的数量叫作原子序数，我们记为 Z。至于中子的数量，记作 N。$Z+N$ 的总数记作 A，称为质量数，它同时也代表了一个原子核包含的所有核子的总数。

原子生来是不带电的，在原子中，原子核周围的电子数与原子核中的质子数（即原子序数 Z）相等。原子序数有着特殊的重要性，因为对于所有拥有同样数量质子（即同样的 Z）的原子，它们的原子核周围有着相同的外围电子，因而都有着相同的化学特性。它们组成了所谓的化学元素。氢元素是只含有 1 个质子的原子，硫元素则含有 16 个质子，铁有 26 个，银有 47 个，铀有 92 个。依据每个化学元素拥有的不同原子序数，我们对它们进行标注，于是它们各自能够在化学元素周期表（也称门捷列夫表）上占得一席之地。不同的化学元素在这个表上按照赋予它们不同化学特性的原子序数而排列，一个接一个地展示出来：氢元素是第一个（$Z=1$），然后是氦（$Z=2$），接着是锂（$Z=3$），然后是铍（$Z=4$），硼（$Z=5$）等等。

其实从 1869 年开始，门捷列夫就发现化学元素的某些特性会根据原子序数的不同发生周期性变化。于是，他没有将这些元素列在同一行，而是将他们分成了 5 行，每行 18 个元素，上下对齐。这张元素表还多出了一些空格，为之后发现的化学元素预留了位置。重要的一点是，同一纵列的原子都有着相近的化学特性：例如，在第一纵列，锂元素（$Z=3$）、钠元素（$Z=11$）和钾元素（$Z=19$）在化学特性上非常相近。我们怎么解释这个现象呢？所有这些原子的确都没有相同数量的电子，但是有相同的"化合价"——它们最外层的电子数都是1，这个电子被称作"价电子"。正是这个价电子——只有它能够参与到与其他原子之间发生的化学反应中。这也是锂、钠和钾化学表现相似的原因。

（désintégration），这两种力角逐达到严重失衡所耗费的时间，便是原子核在衰变之前所经历的时间。

我们以 α 放射性为例。这个现象是指同名粒子 α 粒子的释放。α 粒子由连接紧密的 2 个质子和 2 个中子组成。

α 放射性能够让某些同时包含了过多质子和中子的原子核（肚子就要撑破了的原子核）排出过剩的核子。被排出的 α 粒子中，2 个质子和 2 个中子相互之间的连接比它们在原来所在的原子核中的连接更加紧密。

β 放射性，则主要发生在包含有太多中子的原子核里。它们最后是通过放射一个电子来提高内聚力。最初，这一现象似乎是无法解释的：原子核不包含电子，那它究竟怎么能放射出电子呢？对于一个塞满了中子的原子核来说，最简单的难道不是自发丢失一个或多个中子吗？

但事实并非如此，因为后面这种看似简单的过程从能量的角度来看是无利可图的：放射后的原子核与放射出的中子拥有的能量总和比最初的原子核的能量更多。所以拥有过多中子的原子核应该采取一个更巧妙的办法：它们将自己的一个中子转变为一个额外的质子，该质子依然处于原子核中。这是中子的 β 衰变。在这一变化过程中，原子核中所包含的质子数增加了一个单位（Z 变成 $Z+1$），于是它所对应的化学元素随之变了。

这一由中子向质子的转变同样也伴随着一个电子的产生，这个电子在变化过程进行之前并不存在，并且新产生的电子会离开原子核。总之，看到一个电子从一个本不应该存在电子的原子核里出来，这不是很奇怪的一件事吗？当我们从牙膏管里挤出牙膏的时候，我们绝不会怀疑这些牙膏从牙膏管里出来之前，就已经存在于牙膏管里面了，也就是说它在被挤出之前就已经存在了。一开始我们在微观层面上对它的预判似乎全部都无效了：原子核居然完全可以释放出一个之前并不在其中的粒子……

至于 γ 放射性，它是指由某些原子核释放出的 γ 射线，这是一种和光的性质一样的辐射，但是它的能量非常高，甚至比 X 射线的能量还要高。γ 射线会形成与肉眼可见的普通光相似的光，不同之处在于它的频率非常高，肉眼无法探测到：所以我们无法看到 γ 射线。一般来说，它们是在 α 或 β 放射以后被释放出来，由于最初的原子核的衰变没有能够完全排出它所包含的过剩能量，最后得到的原子核还需要耗散一些能量出去。与 α 放射性或 β 放射性不同，

在 γ 放射性中，原子核的中子和质子构成没有被改变。与此相关的化学元素仍然不变，因为化学元素只由质子的数量决定。

放射性如何在时间中演变？

在所有的情况下，都有一个相同的问题：放射性产生的射线是以怎样的节奏被放射出来的呢？

我们前文说了，衰变是自发发生的，也就是没有外部因素。但是"自发"（spontanément）不是"立即"（immédiatement）。一块放射性物质中衰变的展开符合我们称为**"放射性周期"**的一段特别时长。*这一用词并不是非常合理，因为它的潜台词是放射性是一个有时间周期的现象，有点像树叶的掉落或缴付三分之一个人所得税款**。然而放射性却完全不是这样。放射性完全不是周期性的现

---

*　也有科学家更愿意称这一段时长为半衰期，即法语中的"demi-vie"或英语中的"half-life"。

**　即 tiers provisionnel。法国的个人所得税由纳税人自行申报，在每年的 2 月 15 日，5 月 15 日和 9 月 15 日分三次缴纳。

象。但让我们先把它放到一边，咬文嚼字可不是我们要做的事。

更确切地说，什么是周期呢？让我们来想象一下，一群数量众多的放射性原子，它们都是一模一样的：这个原子群的周期等于其中一半原子衰变为其他原子所用的时间；在第二个衰变周期结束以后，剩下的部分，也就是还没有衰变的放射性原子，是第一次衰变前原子数量的$\frac{1}{4}$，而这些剩下的原子又因为衰变重新分成两部分，并依此循环往复。专家们说，这就形成了一个"指数式的"、持续的衰减。发生足够多次周期性衰变以后，所有最初的放射性原子几乎都消失了。

在这件事情中值得特别注意的是，指定的放射性原子的周期与它的化学或物理环境完全无关。你可以用焊枪给它加热，像摇李子树一样摇晃它，将它浸入氢氧化钠或酸液中，拔除它的电子……无论怎样，它的周期长度都完全不会改变。换句话说，这是原子核内在的特性，也就是说它与一切可能发生在它周围的事情毫无关系，甚至与它的外围电子的变化也是无关的。

放射性原子的特殊之处在于，就个体来说它们最终都会死亡。但是它们消逝的节奏与我们的死亡曲线不一样。我们人类从开始出生，然后长大，衰老，到最终走向死亡，在这个过程中时间让我们成熟，使我们衰弱，最后让我们死去，我们年纪越大就越容易死亡。也因此我们中的大部分人都会在 60 岁至 90 岁之间告别人世。在人类这个层面，衰老就是眼看着自己死亡的可能性随着年龄的增长而增加的过程。

所有的放射性原子也同样会死亡，但是与我们不同，它们并不会因为死于衰老！事实上，它们在一定时间内消失的可能性与它们的年龄没有任何关系：一个出现在 3000 年以前的放射性原子与另一个出现了 5 分钟的相同原子在接下来的 1 小时里衰变的可能性完全一样。

所以它们的消失不能解释为任何一种衰老的结果。在它们身上，没有任何部分会随着时间而损坏，它们可以在任何年龄死亡。古代最早的原子论者认为，从某种方面来说，这些原子是不知疲倦的。它们不会衰老，但是会死亡，未死亡的这些原子永远与它们的"少年时期"一样精力充沛。

放射性周期概念的价值只体现在于**统计层面**：它仅仅

指出当我们拥有数量众多的放射性原子时，在一般情况下衰变过程如何进行。但放射性周期不能让我们预料每个各自独立的放射性原子衰变的确切时刻。

不言而喻：这一时刻是完全偶然的，所以也是不可能准确预料到的。换句话说，如果每个放射性原子由于它唯一的本质，注定要转变为另一个原子，没有人能知道它会在什么时候转变。

唯一确定的是，每过 1 个周期，每个放射性原子消失的概率都有 $\frac{1}{2}$。在这里，人们不再能够用"可能性"这个词来谈论。在原子的层面，经典物理学的严格决定论不再有效。

不同原子的放射性周期之间能测量到极大差异，这让人头晕。不同的放射性原子，其放射性周期覆盖范围从一瞬间到几十亿年不等，有的甚至更长。

例如，碲 128 有着长达 1.5×10^{24} 年的放射性周期，即是宇宙年龄的 100 万亿（10^{14}）倍。不如说它几乎是稳定的……

现在让我们以铀为例，它是全世界最负盛名的放射性元素。它的放射性周期是多长呢？我们无法笼统地做出回

同位素是什么？

与同一化学元素对应（即拥有相同质子数 Z）的原子并不都一定包含有同样数量的核子总数。正是这一灵活性使同位素能够存在。让我们以氢元素为例，它由包含 1 个质子的原子组成。它们可以含有 0、1 或 2 个中子。因为它们在元素周期表上分享了同一位置（原子序数为 1 的位置），我们就说它们是氢的同位素（isotope 来自希腊语 isos，意为"同样的"，而 topos，意为"地方"）。

如果说同一元素的同位素会发生相同的化学反应，那是因为化学反应只与外围电子有关，而所有原子序数相同的原子都有着几乎相同的外围电子。但是，因为它们的中子数量不同，所以质量也不同，尤其它们的核的特性也会有所不同。其中一些可能具有放射性，另一些则没有。于是说起原子的时候，明确说出它的全称就变得非常必要了。通常采用的原子命名方法是在它的原子核核子的总数 A 后面，紧跟化学元素名，例如碳：碳 12（6 个质子，6 个中子），记为 ^{12}C；碳 14（6 个质子，8 个中子），记为 ^{14}C。大家应该记得，碳 12 是稳定的（没有放射性）而碳 14 是有放射性的。

碳 14 的放射性周期是 5730 年，它被大家熟知是因为人们利用它来推定人类历史和文明各主要阶段的时间。高空大气中的高能质子 * 与氮原子（空气的组成部分）碰撞，不断地

---

* 宇宙射线的主要组成部分。

产生出碳 14，它存在于所有活物之中，无论是植物还是动物。至少是在这些活物……还活着的时候！因为，当一个生物死亡时，与外界环境的一切交流都会停止，所以不会再有新的碳 14 进入这个死亡的生物体中，于是碳 14 的原子数量便会以放射性衰变的节奏逐渐减少。通过比较这些残留物中碳 14 的当前含量与其最初的含量，人们可以确定它的年龄。

答，因为每个原子核的放射性周期都可能不同。那么，是什么让铀原子核成为铀原子核的呢？是它的质子数，仅仅是它的质子数。这个数量是 92。全宇宙的所有铀原子核都有 92 个质子，一个不多（否则就成了镤原子核），也一个不少（否则就成了镎原子核）。正是这个数量也仅仅是这个数量就可以决定原子核的化学元素身份。但是并不是所有铀原子核都有着相同数量的中子。某些铀原子核有 146 个中子：它们是铀 238（因为 238=92+146）。另外一些比它们少 3 个中子（即有 143 个中子）：这是铀 235。还有一些多 1 个中子（即有 147 个中子）：这是铀 239，等等。所有这些原子组成了人们所说的铀的 **"同位素"**。它们有着相同数量的质子却拥有不同数量的中子，所具内聚力的程度也就不同。所以它们的放射性周期也可能有着明显的区别。

铀 238 的放射性周期几乎达到 50 亿年，也就是宇宙年龄的 $\frac{1}{3}$。而铀 235 原子相对来说更加不稳定，它的放射性周期是 7 亿年。

至于铀 234 原子，它含有的中子还要少一个，它的周期"只有"24.5 万年，这也解释了为什么在地球上的铀矿里铀234那么稀少：它们的数量减少的速度要比铀235原子减少的速度更快，而铀235原子又比铀238减少得更快，因此今天，铀238占绝大多数。在天然铀矿中，99.3%的原子都是铀238原子。

但同位素的概念并不是铀的专属特性。每一个化学元素都拥有独一无二的质子数，所有采用了同一化学元素名称的原子都分享着一样的质子数：1个质子是氢，2个是氦，3个是锂，4个是铍，6个是碳，26是铁，47是银，73是钽，等等。但是对于每个化学元素，即每个给定的质子数量，中子的数量可以有多个不同的数值，每个数值对应这个元素的一个同位素，这些同位素可以是稳定的或具有放射性的，视中子的数量而定。

在自然中有没有与人类活动无关的放射性？

正如其他事物一样，我们不用在放射性方面自找麻烦：所谓"天然的"（naturelle）放射性是我们在"自然"（la nature）中遇到的，而不是人类将它引入自己的环境中的。所以即使人类从来就没有踏足地球，放射性也不会有改变。

这一天然放射性有多个不同的来源。

　　一部分天然放射性由宇宙辐射产生：我们头顶上的空间有来自太阳的极高能量的粒子通过，也有少量高能粒子来自我们的星系，甚至更远的地方。当这些粒子中的一部分遇到了在地球大气层高处的一些原子的时候，就会引起各种**核反应**˙。这种连续不停的撞击在我们的上方产生了一种不可见的雨，由一些运动非常快的物质粒子组成：电子、质子、中子、许多其他以"子"结尾的小物体，例如"μ子"或"介子"这些粒子，以及原子核。宇宙辐射的强度根据地区纬度不同而变化：它在两极强而在赤道弱，这是因为地球周围磁场的作用。辐射强度也会根据海拔而变化（海拔越高大气层的屏障作用越弱）：每上升 1500 米，辐射强度的数值就会翻倍。

　　另一部分天然放射性来自地球本身，因为土地和岩石中包含的某些放射性元素，主要是钍 232，铀 238，以及相对较少的铀 235。这些元素的放射性使地球的地壳变热。

＊　当某种微观粒子与原子核发生碰撞，导致原子核结构发生变化、形成新的原子核，并放出一个或几个粒子时，我们称这一过程为核反应。

2 放射性

在地球上广泛分布且对于生命非常重要的钾，同样也为地球上的放射性做出了很大贡献，这是通过它的同位素之一钾 40 来进行的。除此之外，还要加上这些元素的所有"后裔"，也就是说由它们的衰变而产生的、同样带有放射性的原子核。这类元素总共有四十多种。

这种天然的放射性不能改变。放射性，就像从一条管道中流出的水：如果说一种材质具有非常强的放射性，那么它的输送量就是很大的；如果它的放射性很弱，那么输送量也小。但是却没有水龙头来控制这一输送量。因为它是由自然里的放射性元素决定的。事实上，只有一个方法可以减少放射性：让时间来解决一切。我们只需要等待，但是在某些情况下这个过程非常耗时：那些参与到地球辐射中的放射性元素减少的周期，以十亿年为单位计算……

另一部分的天然放射性来自我们喝的和吃的东西。水和食物包含着放射性元素的痕迹，当我们吃下或喝下它们的时候一部分放射性元素会被我们吸收。我们的身体本身也是有放射性的，因为它含有一些有放射性的元素，例如钾 40 和碳 14。这些元素来自哪里呢？钾 40 是星系高温的残留物，星系高温在 50 亿年前产生了组成地球的物质。

我们每个人体内都有一点钾40，主要是在骨头中。至于碳14，它是由宇宙射线在空气中诱发的核反应所产生的，这些宇宙射线促进氮向带放射性的碳衰变。而碳14，是以二氧化碳的形式出现的。二氧化碳通过我们与外界的气体交换而存在于我们的身体里，就像所有生物一样。最终，它以极小的尺寸渗入我们身体内的组织，这也使人体变得有放射性。一个重70千克的人的身体里，每秒发生着4000次衰变。如果再加上因为钾40而引起的放射性，那么结果就是，每个体重正常的人身体里每秒钟总共会进行约10000次衰变。

为了要进一步精确，物理学家当然采用了一个单位来测量放射性。这个单位就是"贝克勒尔"，简称"贝克"。它的定义再简单不过了：在一群原子中，如果每秒钟有1个原子衰变，这一活动就是1贝克。如果有2个原子衰变了，那么这个活动就是2贝克等等。当然，一个放射性原子只会衰变1次：在这一刻之前，它是带有放射性的原子，但是还没有衰变；之后，它就变成了另一个原子。

鉴于我们刚刚所说的，那么人体的放射活动就是10000贝克。其他例子：每升牛奶的放射活动是80贝克，每升海水的放射活动是 10 贝克，每千克花岗岩的放射活动是 1000 贝克。因为这一单位是位于原子层面的，所以其活动值通常表述为几千、几百万、几十亿或者成百上千亿贝克，这让不了解情况的公众并不是很容易接受。要记得，在一小块铅笔芯里，有不少于 10 万亿个碳原子……

今天我们知道，在整个宇宙历史的长河中，天然放射性在不同的形式下，在组成物质的过程中扮演了重要的角色。没有天然放射性，就不会有星辰，不会有太阳，也不会有地球上的生命。在今天，天然放射性渗入了整个宇宙，所以也渗入了我们地球的环境，无论是组成大气层的空气，地球的土壤，还是我们自己的身体，它们都是带有天然放射性的。天然放射性事实上存在于以下所有现象中：粒子组合的化合、解离、捕获或排出其他粒子。

人工放射性与天然放射性有区别吗？

但有另一种放射性存在，它是"人工的"，它来自已经不存在于自然中却被人类通过核反应成功"重新制造"的元素。其实它所涉及的放射性与天然放射性相同，遵循相同的物理定律（即核物理定律），但这种放射性的放射性周期通常来说短得多。

人工放射性是由玛丽·居里的女儿和女婿，伊雷娜·约里奥-居里和弗雷德里克·约里奥-居里，在 1933 年发现的。他们指出，原子核并不是不可破坏的。恰当地轰击原子核，就可以使它们衰变，即改变它们的质子和中子数量。这不就是古老的点石成金的梦想……

约里奥-居里夫妇首先发现被 α 粒子轰击过的铝 27 可以衰变为稳定的硅 30。随后对这一衰变的一个非常细致的研究显示，这一衰变分两步进行：铝 27 首先衰变为磷30，它是稳定的磷 31 的（人工）放射性同位素；然后，地球的天然环境中并不存在的磷 30 通过将自己的一个质子转变为中子，衰变为硅 30。从那时开始，科学家们经常使用中子来创造人工放射性元素。因为中子不带电，所以这些粒子很容易靠近原子核并被它吸收。这一过程导致了质子和中子的一种新组合，这种组合通常是带有放射性的。

于是我们合成了二十多种人工放射性元素，包括钷（Pm）和砹（At）。我们同样也制造了比铀更重的元素，称为"超铀"，例如镎（Np）、钚（Pu）、镅（Am）和锔（Cm）。

今天，我们总共掌握了各种化学元素的近三千种放射性同位素。

近来，物理学家甚至成功制造了相当新颖的原子核，这些原子核里质子的数量远远超过中子的数量，以至于核力不再能将所有的核子连接在一起。这些原子核，在地球的天然环境中是不存在的，它们产生了一种新型的放射性：原子核可以直接排出一个或两个质子，而不需要像传统的 β 放射性过程一样将它们转变为中子。这一形式非常新颖的放射性在 1960 年代就已经被物理学家们所预言，但是直到 2002 年才首次观察到，这得益于制造出的铁 45 原子核，这个原子核中包含了 26 个质子和仅有的 19 个中子。

铀 235 的裂变

如果说从 1930 年代开始，物理学家们就将原子世界当作了他们最喜欢的游乐场，这并不仅是为了满足他们在知识上的好奇。1938 年的一个大晴天，他们的确发现了铀 235 的一个特殊属性，这个特性使得铀 235 的原子核值得被关在核电站和核弹头中：在某些情况下，一种形式极其特殊的放射性结束后，铀235原子核能够一分为二，同时释放巨大能量……

铀235的这一**"裂变"**是如何被发现的呢？故事正好是在第二次世界大战前开始的。而它所导致的结果则是广岛的原子弹爆炸、冷战和民用核能。

1938年，两位德国化学家，哈恩和斯特拉斯曼，沉浸在深深的困惑中。

正如同时期的其他学者一样，他们在自己的实验室里正忙着辐照铀原子核，他们选择用中子来进行辐照。但是他们的实验结果足以让通情达理的人也失去理智。因为他们观察到的结果并不像通常的衰变：在辐照以后，他们总是能够发现钡原子的存在，而钡原子根本没有任何理由会在那里。自从发现了人工放射性，人们知道铀原子核如所有原子核一样，能够捕获或释放几个质子或中子，但是这总是少量的；然而哈恩和斯特拉斯曼观察到的，是含有92个质子的铀原子核转变为只含有56个质子的钡原子核！

人们无法想象居然能够如此彻底、如此简单地改变物质。对于这些化学家来说，接受如此不可能的事情需要很大的勇气。

2 放射性

　　再三检查他们的实验、并向他们亲近的物理学家莉泽·迈特纳和奥托·弗里施透露了口风以后，哈恩和斯特拉斯曼终于宣布了这一引起轰动的消息：铀235原子核能够像梨一样裂变成两半。更确切地说，它是从一个含有92个质子（和143个中子）的原子核，被1个中子撞击，变成一个含有56个质子的原子核（钡）和一个含有36个质子的原子核（氪）……

　　这一切伴随着巨大能量的释放，准确地说是2亿电子伏特的能量！如果这个数字并不能让你感到惊讶*，那么你要知道，化学家们一生都在结合和再结合原子以便得到更稳定或更不稳定的分子，他们能够从原子上获取几个电子伏特能量的时候就已经感到很幸运了！

　　随着核裂变这一发现，化学家们承认自己被彻底打败了：一个原子里发出了超过其他原子1亿倍的能量！

---

*　1电子伏特（eV）≈ 1.6×10^{-19} 焦耳（J），2亿电子伏特只约等于 3.2×10^{-11} 焦耳，单个原子核产生的能量非常小，它可能并不让你感到惊讶。关于电子伏特，详见本书第094页卡片"我们怎样标定'高'能粒子"。

核反应堆和原子弹

> 1945 年，美国人发明了原子弹并将它投掷到一个叫作广岛的城市上。飞机的名字是艾诺拉·盖（ENOLA GAY），后来飞行员向记者解释道，他选择这个名字是因为这是他爱尔兰祖母的名字，而他觉得这个名字很有趣。
>
> ——帕特里克·伍莱德尼克

在接下来的几个月里，全球物理学界都在阅读、评论和批评这一令人惊讶的结果，它让人们自由沉溺于对裂变的作用与效果的想象之中。从 1939 年 5 月初开始，弗雷德里克·约里奥-居里和他的同事们就已经掌握了足够的知识用来提交关于以核裂变为基础的反应堆和炸弹的专利申请。那时第二次世界大战迫在眉睫，战争决定了这个核物理发现随后的发展方向。

专家们主要对来自两个不同方面的两个问题有兴趣。首先是军事方面，这随着战争爆发很快成为当务之急：如何集中所有的条件使炸弹爆炸？其次是民用方面：与军用思路相反，如何能够调节能量的释放以便将它用在发电站中？结果并没有让人们等待太久。

物理学家和军方工程师那时的目标是能够在极短时间内发动铀235的所有能量。为此，必须使原子在每次裂变平均放射出来的2.5个中子中，有约2个（而不是1个）中子能引发其他原子产生新的裂变。也就是使这条反应链成为雪崩式反应：1个中子生成2个，这2个再生成4个、8个、16个……在裂变的第10代，就有1000个中子；第20代，100万；第30代，10亿……以每微秒10代的繁衍节奏，很容易使裂变超速运行。但这一切的基础必须是每次裂变约有2个中子被再利用。而为了不浪费中子，不能有减速剂、吸收剂*，也不能发生泄漏，从技术上来说要实现这些并不容易。

反应堆正相反，它的建造是使用了减速剂、吸收剂并且能够允许发生（中子）泄漏：的确这关乎一个平衡，在每次裂变释放的2.5个中子里，只有1个——绝不能多——

---

* 减速剂即中子减速剂，或称慢化剂，一般在核反应堆中，在不吸收中子的前提下减慢中子速度，以便让它们更容易被还未裂变的原子核吸收。吸收剂即中子吸收剂，在核反应堆中吸收中子以控制裂变速率。

能被再利用，正好代替启动上一次裂变的中子。今天使用中的核反应堆都是基于这个"有借有还"的原则运行的。

$E=mc^2$：是什么意思？

1905 年 9 月，一个 26 岁的年轻人，阿尔伯特·爱因斯坦，撰写了一篇仅 3 页纸的文章，其中包含了方程式 $E=mc^2$，这是物理史上最著名的方程式。这篇文章是作为爱因斯坦刚刚发表的相对论的延伸出现的。

这篇文章中的计算部分证明了一件事情：向外发射电磁波的物体也必然会损失质量。但是爱因斯坦将这一结论扩展到了宇宙中。他解释道，物体的质量可以衡量出它的内含物能量的大小。因此，这个物体无论以任何形式损失能量，它也会损失质量。

从概念的角度来说，这是一个革命性的成果。在那之前质量只能用来测量一个物体包含物质的数量，这个革命性结果让它也能够测量物体所包含物质的能量了。所有大质量物体，即使不运动、保持静止，也具有"质能"，也就是说它所具有的能量仅仅源自它具有的质量。爱因斯坦更明确地解释说，若要得到质量和能量的关系等式则要引入光速 c（以平方形式出现），它使在此之前还完全无关的两个概念得以结合。但是，在将这两个概念联系起来的时候，光速的地位不可逆转地改变了：它从此进入了所有的物理过程，也包括那些光并没有在其中扮演任何角色的过程！多亏了爱因斯坦，光速成为了物理中真正的普适常数。

但是，如果说质量和能量之间有这么直接简单的等价关系，那为什么我们不能在日常生活中发现它呢？很简单，因为这个等价与我们熟悉的大小层次不相称。极小的灰尘颗粒都是一个容器，承载着巨大的能量，但是我们往往会忽略掉它微小质量背后所隐藏的能量。让我们来举两个日常生活中的例子。点亮的灯泡散发出光，所以也散发出能量，同时它也正承受着失去相应质量的代价。但是光速的平方 c^2 是那么地大，即便灯泡能够持续点亮几个世纪，它也只会失去几微克质量，相比它最初的质量来说变化是极小的。如果现在我们再选择 250 克黄油块（或任何其他同等质量的物体）为例，通过爱因斯坦的方程式可以算出这一质量相当于 2.25×10^{16} 焦耳的质能，相比较而言，0.125 焦耳则是那同一块黄油达到 1 米 / 秒的运动速度时所拥有动能的大小 *。换句话说，普通一小块物体的质能——或者如果我们喜欢也可以说它包含的能量——是如此之大，而我们能够通过加速或加热强加给它以使它改变的能量，相对它的质能来说是极为微小的。假使只考虑能量变化，那么只要物体的质量不变，它的质能就不会改变，对我们来说并没有任何变化显现出来。但是如果说爱因斯坦方程式成为了 20 世纪物理学的标志，那是因为 1905 年以来，物理学家们用工业的方式成功地探索了——有时甚至是利用了——爱因斯坦方程式具有实际影响的一些时刻：例如小质量明显地能够转换为能量的时刻，以及能量转变为物质质量的时刻。

让我们来思考一下刚刚提到过的核反应堆和某些原子弹

---

* 动能公式：$E_k = \frac{1}{2} mv^2$。

中的铀235原子核。当它们被一个中子轰击时，它们开始晃动，变形并抻长直到达到一个相对更稳定的形状，这个形状由两个不同的部分组成。换句话说，这些原子核承受了一次裂变，产生了两个较轻的原子核，新原子核的质量之和总是比最初的原子核的质量小。根据爱因斯坦的方程式，这个质量的减少（也是质能的丢失）被解释为能量的释放，它也正是"核能"的来源。这个能量以热能的形式得到收集，而后可以转变为电流。另一个相同类型的推论，是质量较轻的原子核进行聚变而不再是质量较重的原子核那样的裂变。聚变能够让人们理解恒星放射光的过程。太阳大部分时间都在将质量转化为能量，这是通过将氢变为氦的核聚变反应实现的。在太阳内核中心，每秒有不少于 6.2×10^8 吨氢（由一个质子组成的原子），转变为 6.15×10^8 吨氦（由两个质子组成）。前后的质量差即转化为向外辐射的能量，这就是太阳如此闪耀的原因。

当然也存在能量转变为质量的情况。这次，两个例子应该足够了。第一个借用运动学的例子，更确切地说是借用速度和动能之间的关系（提醒一句，物体的能量和它的运动情况有关）。当我们坐汽车出行或者是坐飞机旅游时，我们搭载的交通工具的动能随着它速度的增长而增长。所以让交通工具加速，也就同时增加了它的动能。但是狭义相对论考虑的是比我们的运动速度快得多的运动，它关注的是我们尝试加速的粒子似乎不可超越的一个速度。这个速度就是光在真空中的速度。

这个现象产生的原因是，随着粒子的速度和能量逐渐增加，它以不断增大的惯性（确切地说等于 E/c^2）抵抗着自己运动过程中进一步产生的改变。换句话说，粒子越来越强烈地抵抗着那些让它加速的力：它移动得越快，就越难以更快的速度移动。它的质量严格保持不变，但是它的惯性与经典物理学中不同，不再等于质量，而是与它的能量一同增长。

如果粒子的速度最终几乎达到了光速，正如我们马上就会讲到的粒子加速器中经常会发生的一样，我们甚至可以在几乎不改变它的速度的情况下赋予它动能。总之，我们"几乎以匀速来给它加速"，即使这个说法可能让我们听惯了牛顿理论的耳朵觉得奇怪。

第二个例子涉及粒子能够承受的极为猛烈的碰撞力，例如在今天物理学家们使用的"对撞机"中。发射出的粒子的几乎所有动能都转变为物质：这些动能转变为许多其他的大质量粒子，它们的生命通常十分短暂。这里产生了让我们意想不到的事情：一个物体的特性，即入射粒子的速度，可以转变为其他物体——新粒子！这有点像埃菲尔铁塔的高度（只是这座塔的一个属性）竟能够转变为其他纪念性建筑，例如凯旋门和布伦（Buren）的柱子 *……

---

* 位于巴黎皇家宫殿（Palais Royal）内庭广场上。

粒子加速器和对撞机

为了研究粒子，必须以这样或那样的方法"照亮"它，也就是说向这个粒子投射一束粒子束（并不一定要是光束）。"探测"粒子应该被直接地投射到"目标"粒子上。

但是为什么探测粒子要有很大的能量呢？要理解这一点，必须提到两条物理定律。第一条是量子定律，它指出所有的粒子的能量都与其波长（德布罗意波长）相关，波长越短能量越大。第二条定律是，波动现象只能发生在一个物体与另一个物体（后者的尺寸必须大于前者的波长）相互影响的过程中。大海中的波涛并不受游泳者的影响，因为游泳者的身长比相连的两个海浪之间的距离小。但是，海浪会被大型客轮干扰。如果我们选择的目标粒子较小，那么探测粒子的波长应该更小。因此我们需要赋予探测粒子很高的能量，目标粒子越小，就需要探测粒子的能量越高。正是这一任务落到了粒子加速器的肩上。它们是一种巨型显微镜，能够识别物质极微小的组成部分。

最初(直到 1960 年代)这是唯一的方法：对粒子进行加速，然后投射粒子束到固定目标上。撞击发生时，动能和入射粒子的质量重新分配给新产生的粒子，这些新粒子就是对撞产生的果实。对撞能量越大，这些新粒子的质量就越大，也更能够展示出物质在通常情况下隐藏的结构或行为。但是固定目标的使用会引发能量损失的问题。因为，当移动的粒子撞向不动的粒子时，大部分的动能仍然以动能形式从原来的粒子那转移到了目标粒子身上（就像一辆移动的车撞到了停止的车上，停止的车因为被撞而移动）。这些转移给目标粒子的动能并没有转变为物质。从某种意义上说这部分动能是被"浪费了"。让两个相反方向的粒子束正面对撞，效果则会更显著。因为在这种情况下，对撞粒子的所有能量都可以转变为物质。

这也就是为什么"对撞机"成为了粒子物理学的主要工具。**大型强子对撞机（LHC）**是最强大的对撞机，现于日内瓦运行。它被安装在长达 27 公里的圆形隧道里，从 2010 年开始，（科学家们）就利用它进行高能量质子间的对撞。我们要知道这个项目的运行代表了我们在技术上的成功：极小尺寸的两个粒子束以几乎等同于光速的速度相遇，在完全指定的位置发生了有规律的、头碰头的正面对撞……

3

自然的力

不是所有人都有幸用自己的语言说出别种语言的思想。*

——雅克·拉康

无论是水果落在地上还是太阳散发出光芒，无论是我们自己，桌子的平衡站立还是灯丝发出光亮，抑或是涂湿的邮票紧紧粘住信封，它们的运动状态都是自然界里各种各样的力角逐之后的结果。

根据经典物理学，如果一个粒子作用在另一个粒子上，那是因为第一个粒子所产生的**场**会在空间中传播，该场再作用于另一个粒子。但是考虑到量子物理学，就不得不重新审视这个概念。在量子物理学的框架下，如果两个粒子间有相互作用，那一定在这个过程中交换了某些东西，而这东西便是相互作用的**特征粒子**。换句话说，只有通过第三个粒子的交换才能使两个粒子之间进行相互作用，这在学术上被称为相互作用的**"规范玻色子"**。

---

* 直译是"不是所有人都有幸用自己的语言说中文"。

打一个比方来帮助我们更好地理解。想象湖上有两只船，船上所有人都没有能指挥和调整船运行的工具（没有长桨，没有短桨也没有撑杆）。假设两条船都朝着对方行使，按这个态势发展两条船看上去是一定会撞到一起的。真的是不可避免么？也不完全是。因为如果其中一个船员有比较沉的东西，比如球，就可以朝着另一条船的乘客使劲扔过去，这样一直扔下去，两条小船便会一点点偏离开。通过这种空间中的媒介，连续的投掷重球会形成一个排斥力进而改变小船的行进轨迹。

尽管这是一个不够准确还需推敲的例子，但是它确实让我们知道一件重要的事情：就好像沉重的球只能在短距离内来回投掷，粒子相互作用的范围也将随着其**介导粒子**（即规范玻色子）的质量升高而缩短。

换句话说，如果规范玻色子的质量很大，那么除非两个粒子离得非常近，否则它们之间不会发生物质交换，即不会有相互作用。基于以上思考所得出的一些性质，可以用量子物理学中完全严格的方式来表示。

宇宙最基本的力有哪些？

为了了解他们能够观察到的所有现象，物理学家们只需要引入四种他认为是"基本的"力。它们是哪些呢？当然有万有引力，3个世纪多以前由牛顿发现；电磁相互作用，由麦克斯韦在19世纪下半叶发现，它体现在日常生活中一些物质的内聚力；弱相互作用，于1930年代发现，它控制着某些放射性过程，特别是β放射性；强相互作用——与弱相互作用几乎同时被发现——它们稳定地将原子核的不同组成部分连接在了一起。

让我们更仔细地来看看它们的特点。

首先是**万有引力**。正是它让我们能够坐下，让我们在跌倒时会疼痛。但是它也控制着很多其他的现象，从物体的掉落到行星的移动。万有引力同时也是原始气体得以形成恒星的根源，正是它使原始气体结合形成了恒星。也是它使得形成的恒星之间相互吸引，进而形成星系。

万有引力的这种相互作用是吸引作用，且作用范围趋向于无穷大，就是说两个有质量的物体之间只有当它们的距离是无限大的时候，它们之间存在的力才为零。没有任何屏障能够消除万有引力的影响，希望减小或消除万有引力的尝试都是徒劳无用的。

万有引力的强度比其他相互作用要弱得多，以至于我们甚至可以忽略它在粒子层面的影响，而在粒子层面有其他强得多的力在起作用。但是，为什么又会说万有引力在微观层面上对我们那么重要呢？这是因为万有引力总是存在吸引的作用，这种作用是可叠加的：投入的粒子数量越多，万有引力越强。的确，我们身体的一个质子与地球的一个质子之间的万有引力是极小的，但是，我们身体的质子非常多，而地球的质子更多，将两者结合在一起的无数小力量相互叠加，最终形成了一个总的大力量，具体来说等于我们的体重。

万有引力于是很好地表现了"团结就是力量"。

承载万有引力的粒子（它的"球"）叫作"引力子"。它的质量为零。至少，这是我们目前掌握的知识让我们对它进行的构想，因为事实上科学家们至今还没有发现引力子，即它是否真实存在仍然存疑。

电磁相互作用比万有引力强得多。它对我们的影响随处可见，正是因为电磁相互作用我们所有的家用电器才能运行，从吸尘器到咖啡机，再到电冰箱和电熨斗。但在更基础的层面，它主要保证了原子和分子的内聚力，控制所有的化学反应及光学现象（我们要记得，光就是由电磁波组成的，也是由光子构成的）。和万有引力一样，电磁相互作用的影响也是趋向于无穷的，但是，因为它时而具有吸引力，时而具有排斥力（根据电荷正负性而变化），在远距离时它的叠加效果因为物质整体呈中性而被抵消了。

电磁相互作用是通过和光子的交换进行的，所以光子是它的媒介，是它的"球"。光子的质量为零。这些光子被认为是"虚拟的"，并不是因为它们是人造的，而是因为当两个带电的粒子互换光子时，光子无法单独被探测到。

弱相互作用的作用距离很短，大约为 10^{-18} 米。还不如说和胶水一样，这是一种通过接触来实现的相互作用：只有在两个粒子几乎相互接触的情况下，它们才能通过弱相互作用相互影响。它同时也是 β 放射性的成因，这种作用使得一个中子衰变为一个质子和一个电子，同时共同放射一个反中微。正如它的名字所示，弱相互作用的特征是强度非常微弱、非常难以观察到。但这并不能阻止它扮演一个重要角色，特别是在太阳中，它决定着氢原子核的聚变反应。如果它从宇宙中消失，那么我们的恒星就会停止闪耀……

有三种粒子是弱相互作用的媒介。我们称它们为"**中间玻色子**"，并将它们记作 W^+，W^- 和 Z^0。因为弱相互作用的距离非常短，这些"球"的质量必须非常大。实际上，这个质量几乎达到质子质量的 100 倍。欧洲核子研究组织（简称 CERN）于 1984 年证实了这三种中间玻色子的存在，这多亏了为此而制造的一台质子和反质子对撞机。

强相互作用是四种基本相互作用中强度最大的，但是在很长时间里我们都不知道它。物理学家们在 1930 年代了解到原子核的稳定性中隐藏了某种令人惊讶的事物，于是猜到了它的存在。因为原子核中的质子带有同种电荷，电荷的作用力（库仑力）是试图将它们分开的，所以它们会相互排斥。然而，它们似乎被很稳定地捆绑在一起。那么是什么克服了它们的电荷排斥力呢？没有任何经典力能够解释这一核内聚力。从这里，就产生了一个假设（随后被证实）：在原子核中存在着一种非常强的力，就是强相互作用，它的作用距离范围非常短，约 10^{-15} 米。

这一作用就如某种强力胶将两个核子（质子或中子，

对它来说无所谓）一个贴一个地粘上，但是只要将两个核子分开一点点，强相互作用就会迅速减弱。这并不影响它成为如此强大且令人难以置信的存在。例如它能够在几个 10^{-15} 米的距离间，阻拦一个以每秒 10 万公里的速度投掷过来的质子……你可以想象那个制动力有多么强。

强相互作用的"球"是什么呢？它们叫"胶子"（gluon）。我们会在后文讲述"夸克"（quark）时介绍。

并不是所有的粒子都会承受强相互作用。对这种作用敏感的粒子，如质子或中子，叫作"强子"。不受它影响的粒子叫作"轻子"。我们掌握了超过 350 种不同的强子。它们都不稳定，唯一的例外也许是质子。这说明它们很快就会衰变为其他更轻的粒子。它们的寿命（直到它们的衰变开始之前的平均时间）可能非常短暂。某些易消逝的强子的寿命甚至只有 10^{-23} 秒，这使得它们成为了自然中我们所知道的最短暂的现象。一般来说，一个强子从来都没有时间停下来喘口气。

四大基本力的性质在本质上不同还是可以统一？

> 宇宙的确定性是通过对个体的束缚实现的。
>
> ——若埃尔·马丁

在最近几十年间，物理学家在统一基本相互作用方面取得了令人赞叹的进步。特别是在 1970 年代，他们成功论证了电磁相互作用和弱相互作用即便在表面上不尽相同，却并不是相互独立的：在宇宙很久远的以前，它们是同一种力，后来才分离。这一统一的尝试被延伸到强相互作用，得到的结果是一种巨大的力。这个发现构成了人们所说的**粒子物理"标准模型"**，经由大型粒子对撞机，标准模型已经得到了极为精细的验证。

标准模型一方面立足于描述极微小层面物质行为的量子物理学，另一方面也利用了爱因斯坦的相对论解释了一类情境，在这类情境中，即使相比于光的速度，粒子的速度也无法忽视。引入一定数量的凭经验确定的参数后，这个标准模型解释了今天我们所了解的所有微观现象，直到几千亿电子伏特的能量。

我们十分灵活地运用了"对称"这个概念进而成功地构建了粒子物理标准模型。一般来说，当我们把一件东西置于某种作用之下，如果它所表现出来的状况并没有改变，我们就称它是对称的。当我们想到这一定义时，首先浮现在我们脑海里的就是几何对称，例如球体或圆柱体的对称。让我们以球体为例：我们可以选取任意一条轴以任意角度旋转，球体都不会有所改变。这种旋转的作用可以用数学来描述，就像球体也能够用方程式表达出来一样。球体的完美对称性可以表述为在任意旋转之后它的方程式都与之前一样。尤其是，方程式里并没有代表旋转角度的量。我们可以说，无论如何旋转，球体的表达方程式是不变的。

其他的对称同样能够应用到物理学中，即使它们比几何对称更抽象，或者涵盖了更大的理论范围。它们依靠的是**"对称群"**这样一个数学概念，对称群一词指的是这样一类变化（transformations）：当它作用在一个物体上，该物体能够不变样。当人们对系统执行任意一种对称群变化时，如果这个系统的内在定律是不变的，那么我们就可以说这种变化是一种特殊的物理现象，它遵守着某种对称，这种对称性与刚刚发生的对称群变化相关。

　　将对称这个概念朝更抽象的方向"延伸"之后，就表明我们能够从粒子间仅有的对称中推断出粒子间的相互作用结构。更确切地说，在鉴别出与电磁相互作用和弱相互作用分别相关联的对称群的同时，物理学家能够在同样的数学框架中用高明的方式来描述这些对称群。这使得物理学家能够随后将这些对称群"统一"，也就是说让它们的表达更接近同一个数学形式，这个数学形式用物理学家的话来说就是**"规范场论"**。随后，这一方法延伸到强相互作用，因为强相互作用也可能来自一个特殊的对称群。整体上来说，这一成功有着重要的影响：它使我们认识到我们不应该在理论中将各种力连同它们所作用的粒子一同引入，不如说是这些力导致了这些粒子所遵循的对称特性。

4

基本粒子

有朝一日头脑部分一定会战胜粒子。[*]

——皮埃尔·德普罗日

标准模型立足于少量基本粒子的存在，这些粒子没有已知的内部结构并且是不可分割的。这些粒子分为两类，一类是轻子，一类是夸克。

轻子是什么？

我们将那些保持对原子核内聚力的强相互作用不敏感的粒子叫作轻子。今天我们知道轻子有 6 种。前 3 种不带电且质量非常轻：它们是中微子。另外 3 种是大质量的轻子且带电：电子、μ 子和 τ 子，除了质量和寿命，它们从各方面看都是相同的粒子。μ 子是电子质量的 206 倍，会在几微秒后衰变为电子、中微子和反中微子。τ 子则更重，

而且寿命非常短暂，只有 10^{-13} 秒左右。

今天的一切现象都让人认为轻子才是真正的基本粒子，也就是说它们不会由更小的实体构成。得益于粒子加速器，我们可以用极大的能量（是与它质量相当的能量的10万倍）撞击电子，然而我们还从未成功使它"碎裂"成块，也未观察到它的内部结构可能隐藏的构成粒子。

和所有粒子一样，每个轻子都有它的反粒子，与它质量相同而电荷相反。电子的反粒子叫正电子。还有反 μ 子、反 τ 子和其他 3 种反中微子。

夸克是什么？

> 今天早上他又从三双不同的袜子里挑了三只穿上了。
>
> ——埃里克·舍维拉尔

我们在上文提到过，有超过 350 种强子存在，也就是说有 350 种粒子对强相互作用敏感。大部分这类粒子不是在宇宙辐射中被探测到，就是在第二次世界大战以后利用大型粒子加速器进行的高能物理实验中被探测到。

　　在 1960 年代初，有些物理学家认为数量庞大且种类繁多的粒子几乎不可能是基本粒子（即没有内部结构的粒子）。1964 年默里·盖尔曼和乔治·茨威格分别首次提出了夸克理论，将物理学家们的这些推测以正规形式表现了出来。夸克理论的原理是强子可能是**混合粒子**，由比它们更小的微粒夸克混合组成。由 3 个夸克组成的强子称为**重子**。其他的强子称为**介子**，由 1 个夸克和 1 个反夸克组成。

　　理论家的这一创造在最初几乎没有得到赞同，随后被实验证实后（特别是从 1974 年开始）夸克理论才逐步得到了学界的承认。最终，它使我们能够非常精确地了解强子的结构。

　　今天我们知道存在 6 种夸克，以它们的**"味"**来区别。夸克的 6 种味分别由字母 u，d，s，c，b 和 t 代表（对应英文里 up[上]，down[下]，strange[奇]，charm[粲]，beauty/bottom[底] 和 top[顶] 的首字母）。通过它们，我们就能够重构出已知的所有强子结构。例如，质子是由两个 u 夸克和一个 d 夸克组成，这就形成了一个夸克的三元组（uud）。至于中子，它包含着一个 u 夸克和两个 d 夸克，

反物质

1927 年，一位年轻的物理学家，保罗·狄拉克，凭借着自己的才智和唯一的工具，铅笔，开始研究当时物理学上的一个大问题。这个问题容易提出却不容易解答。

从 1925 年末开始，物理学家们就掌握了一个能够在不同的情况下描述例如电子等基本粒子行为的方程式——薛定谔方程。这是个典型的量子方程式，在计算氢原子中唯一的一个电子可达到的能级时，它总是能够给出正确的结果。但得到正确结果的前提是这个电子的速度只是光速的百分之一。对于速度更快的电子，例如我们能够在宇宙辐射中找到的电子，就不能用薛定谔方程来描述了。因为薛定谔方程没有遵守爱因斯坦的相对论原理：它只对速度比光速慢得多的粒子有效。然而电子虽然是非常微小的物体，但却可以非常敏捷，它移动的速度甚至可以接近光速。当电子的质量很小而速度接近光速时，我们想描述它的状态就一定要将量子物理学和相对论结合。即这一方程式既满足量子的要求，又符合相对论的原理，能够对微观世界进行合理描述，这就是保罗·狄拉克的研究目标。

在一整年的时间里，狄拉克孜孜不倦地工作，已经忘记了外面的世界。1928 年冬天的一个晚上，他写出了一个随后一直以他的名字命名的方程式，并确信这是"正确的"方程式。

但这一方程式的一些解有些奇怪：它们对应着带有"负能量"的粒子，这些粒子似乎是不可能存在的。1931 年，在艰难的诠释工作以后，他终于隐约地感觉到如果这些负能量存在的话，那么它们描述了一种之前从未被观察到的新粒子，这种粒子与电子质量相同而且带有正电荷。狄拉克于是预言了一种新的微观物体——正电子——的存在，它是电子的反粒子。

1932年，一位年轻的美国物理学家卡尔·安德森在宇宙辐射中探测到了正电子。今天我们知道所有的粒子都有与之相对的反粒子，它们有着相同的质量而所带电荷相反。当一个粒子遇到了它的反粒子，它们的质量会立即完全转变为一种纯能量，随后（很快）这种能量又"物质化"成为其他的粒子和反粒子。

反物质因此得名，并不是因为它与通常的物质"相反"或敌对，而是因为它代表了一种"镜像"形象。于是前缀"反"（anti）在这里的含义与"反殖民主义者"或"去头屑"（antipelliculaire）等词里的前缀含义是不一样的，但它与在"对点"（antipode）*里的前缀含义相似：北极肯定是南极的对点，而看起来它们并不是敌对的关系。

最后，物理学家们意识到这个反物质的存在，是和最基础也可能是最重要的物理学原理相关联的，这原理就是因果性原理，它使得事件在时间轴中按照不可逆转的顺序排列，一旦一个事件已经在过去发生，那么我们将无法再改变这个事件。在狄拉克方程式的解中，负能量的出现最终不过是展示了这一原理的某些结果。方程式在粒子物理特殊的框架中，**表达了一件在物理学里无论怎样都不可能发生的事情：回到过去**。

---

*　对点：位于地球直径两端的点。

这就形成了（udd）。如果我们将一个质子所拥有的电荷数作为单位电荷，那么 u 夸克的电荷数为 $\frac{2}{3}$ 而 d 夸克的电荷数为 $-\frac{1}{3}$，而这正好使得一个质子的电荷数为 1（$\frac{2}{3} + \frac{2}{3} - \frac{1}{3} = 1$）而中子的电荷数为 0（$\frac{2}{3} - \frac{1}{3} - \frac{1}{3} = 0$）。

夸克的味并不仅仅是将夸克区别开的特征标签。它另外的主要用途是标明夸克通过何种方式的弱相互作用力来相互作用，同样地，它们所带的电荷决定了它们通过什么样的相互作用方式来进行电磁相互作用。例如，弱相互作用能够将一个 d 夸克转变为一个 u 夸克，而 β 衰变的进行则正是由中子（udd）变成质子（uud）。

除了味，夸克还有另一个同样重要的特性，我们称之为"**色**"。粒子物理学家给这一特征起名为"色"并不是说它真的和真实的颜色一样有着不同的颜色，就像夸克的味也不能说它就是一盘好菜有着不同的味道。夸克完全没有普通意义上的颜色。它们的颜色只是它们所带有的一个标签，这个标签表明了它们强相互作用的作用方式。夸克有三种可能的随机选择的颜色：红、蓝和绿。在质子或中子中，三个夸克中的每一个都有不同的颜色：也就是说有一个红夸克，一个蓝夸克和一个绿夸克。一般来说，质子和中子是"白"的，因为白色可以视作所有颜色的叠加。

根据夸克理论，在实验室里我们只能探测到白色粒子。而夸克有着确定的（白色以外的）颜色，它们不能被分别观测到。我们只能探测到强子，而不能单独探测到夸克。夸克总是被"关"在强子里面。

强相互作用通过胶子的交换将夸克联系在一起，胶子就是这一相互作用的媒介，是强相互作用的球。胶子就像不会断裂的橡皮筋，有一个简单的作用：它们将强子里的夸克"粘上"。胶子有 8 种。它们也有颜色，它们与夸克相互作用，同时持续交换着彼此的颜色：胶子就是如此让夸克从蓝变红或者从绿变蓝，循环往复，就像非常活跃的三色灯。这种颜色的不停变换使得夸克和胶子纠缠交错，保证了强子（非常短暂的）稳定性。

夸克和胶子，即使用日常用语中的词汇来命名他们的特性（通过这种方式，物理学家希望或许能够不再多增加这一学科中越来越多的抽象概念），它们仍然还是一些奇怪的东西。事实上，夸克和胶子越是彼此靠近，它们受"邻居"的影响就越小，它们熙熙攘攘地拥挤在一个非常小的区域中，于是将它们联系在一起的力几乎降为零。在某种

我们怎样标定"高"能粒子?

物理学家尝试着进行能量尽可能高的粒子之间的对撞。为什么呢?因为投入对撞的能量越高,创造出来的物理条件(即温度和能量密度方面)就越接近宇宙大爆炸之后瞬间的原初宇宙。粒子间的对撞于是可能产生一些能让我们了解宇宙起源的变化。

能量一般以焦耳为单位。但是,为了量化粒子的能量,物理学家使用了另一个更合适的单位:**电子伏特**,代表一个电子经过1伏特的**电位差**加速后所获得的能量。在最强大的粒子加速器中运动的粒子的能量约为1万亿电子伏。这是个令人惊讶的数字!粒子加速器会不会是经过乔装打扮后的炸弹?

为了一探究竟,让我们来将这些粒子的能量与一个飞行中的蚊子的能量进行比较。我们选择一只每秒飞行1米、质量为2毫克的蚊子(这就是一只非相对论中的蚊子)。它的动能是质量与速度平方乘积的 $\frac{1}{2}$。如果用电子伏来表达,在所有计算完成后,这一能量高达6.25万亿电子伏。它大约是大型加速器中移动粒子能量的6倍。那么,既然它能比物理学家们的粒子能量更高,为什么不用蚊子对撞,或者用吹管吹出米粒呢?这样还可以更接近宇宙最初时刻的情况,而且还要便宜得多……

但是我们刚刚使用的论据并不成立。蚊子的对撞不能让我们学到任何有意义的东西。因为在这种情况中,重要的并不是能量，而是能量的密度，也就是说单位体积的能量大小。然而，一只蚊子由数量惊人的原子和分子组成，它们分散了它的总能量，所以每个组成部分所承载的能量就弱得非常可笑。一个基本粒子却几乎是点状的：如果我们对它加速，能量的增加则完全集中到它微小的体积上。所以这样我们便能达到一个非常高的能量密度，在粒子对撞的时候，就能产生一些少见的现象，例如形成别的地方不存在的新粒子……

在对撞中，粒子会破碎成几块儿吗？

关于物质，我们习惯说"它是守恒的"。这并不是很新的观点。在拉瓦锡的名言"什么也没有创造，什么也没有消失，一切都在转变"中已经有这个含义。这一原理已经奠定了"所有权"的基础：如果我停在街上的自行车在我回来取的时候已经不在那里了，那么我就有权利得出"它被偷了"这个结论。我根本不会认为它可能"蒸发了"，或变得"什么都没有了"。我会想到的只是组成自行车的物质仍然存在，但却被移动到了其他地方。

但在微观层面，这个物质守恒定律正好无效。在日常生活中，当两个物体——例如两个玻璃杯——相互碰撞，杯子就会碎成玻璃片。确切地说，这些碎片曾经是参与对撞的物体的一部分。对撞后没有任何物质是在对撞发生之前不存在的。但是，在微观世界，事情就不是这样了：粒子不会像我们平常理解的那样碎裂。粒子的碎块这一概念本身其实就完全没有意义，我们也不能再用俄罗斯套娃的结构来形容粒子。

在两个高能量粒子碰撞时我们亲眼看到，出现的粒子并不是在对撞前就"已经存在"的。所以它们不能被看作是最初粒子的碎片。正是碰撞的能量本身（即事件中的两个粒子所携带的能量），突然物质化成为新的粒子，并且完全从真空中产生。所以真空并不是虚无，而更像物质在某种意义上的延伸：只要我们给予它很少的能量，它就能够产生它本来已经包含的粒子，只是这些原本就在那儿的粒子是以潜伏的、潜藏的或是虚拟的形式存在，正如我们将在后文中提到的。

通过那些安装在大型粒子加速器旁边的探测器，我们能够观察到，在一些过程中物质的质量并不守恒，而只有总能量保持不变：进入对撞机前的粒子的总能量等于碰撞后出现的所有粒子携带的能量总和。

程度上，它们在短距离中变得自由。这点可让那些在高峰期挤地铁的人羡慕坏了……

但这一自由并非绝对，因为夸克并不能逃离它们所属的混合系统。这一切就像是它们在一座永远不能离开的监狱中获得了自由。因为，当我们想要将一个夸克和与它相互作用的其他夸克和胶子分离开来，进而将这个夸克孤立出来时，我们需要提供的能量随着分离的距离的增加而更迅速地增加。自然不会浪费能量，它更倾向于使用这些能量来创造其他的夸克和反夸克：所有逃离的夸克立即就会披上搭档们的外套而形成新的强子。也就是说，夸克出门的时候总是会穿上衣服，让我们从来不会看到它光着身子。

标准模型里聚集了三个构造相同的夸克和轻子家族。每个家族都由两个夸克和两个轻子组成。事实上，只需一个家族（第一个，由电子、它的中微子以及 u 和 d 两个夸克组成）就足以表现我们周围的物质（例如原子，是由原子核及围绕它旋转的电子组成，原子核本身又是由质子和中子组成，也就是最终就是由 u 和 d 组成）。那么，其他两个夸克和轻子的家族又有什么用呢？为什么自然选择了"重复"这样的东西，创造了三次几乎一样的东西？这是物理学家们到现在还不能回答的两个问题。

粒子如何向我们揭示原初宇宙？

> 亲爱的，我并不嫉妒你的过去。
>
> ——保尔·魏尔伦

物理学致力于研究现象背后存在的固定的、不受变化影响的关系。即使它被用在一些有历史或有变化的过程上，物理学着手描述这些过程的角度也是形状、规律、标准等独立于时间的角度。因此它希望通过不受时间控制的概念，来建造一个"不受变化影响的法规"，一个"固定的调整协议"。

物理学非如此不可吗？在讲述各种现象的历史事实时，它能不能不提独立于历史的定律？如果在带走一切的永不停歇的洪流中，没有什么是固定的，那么世界会不会仍然是可知的，不会陷入一片混乱？这样一种物理学——它的概念一上来就纳入变化或转变（devenir）——事实上并不存在，这也许是因为仅仅通过援引自身就在不断变化着的数量来说明整个变化是不可能的。让我们仔细想想：

如果在发表的物理定律中出现的概念并未被假设为不变，如果这些概念随着时间的推移不停地变化，那么这些定律的地位会变成什么样呢？还能够用来描述、理解、预见不同现象么？这还是定律吗？

数学家艾米·诺特于 1918 年证明的一条基本定理，强力支持了这一想法（物理学非如此不可）。设想一下，例如随着时间的推移，物理学定律没有发生改变，也就是说即使我们调整了所选择的参考瞬间（测量时长的"起点"），这些定律也不会变。所有物理实验中，定律的发生并不取决于实验实现的特殊时刻：任何瞬间都与任意其他时间等值，时间本身不会转变，所以没有任何特殊瞬间能够成为其他时间的绝对参考。通过这一设想艾米·诺特证明的是，物理学定律不随时间的推移而改变的这种不变性有一个直接推论，即守恒定律，具体到这里就是能量守恒定律。

让我们来举个例子解释这个结果。想象一个情境，其中重力会根据时间发生周期性变化，例如重力在每天的中午很弱而在午夜很强。接着每天中午我们将重物搬到一座楼房的顶部，然后在午夜将它推到半空中任它自由落下。这样我们得到的能量将会比用掉的能量更高。在这种情况下，能量不再守恒了。

于是能量守恒定律有着比它通常形式更广泛的含义：它也表达了**物理定律的永久性**，它们不随时间变化而变化。

反对的人会说今天的宇宙一点也不像原初宇宙。的确，但事实上变化的是物理条件，而不是定律。在所有的**时空点**上，宇宙保存了它曾经的记忆并且能够重新演绎它最初的瞬间。因此，当物理学家在他们的高能加速器中制造非常猛烈的粒子对撞时，他们可以得到宇宙在遥远的过去中曾经发生的事情的一些线索。在极小的范围内和极短暂的时间内，他们其实在创造或者说重新创造与原初宇宙相同的极端物理条件（非常高的温度和非常高密度的能量）。这些碰撞中出现了许多粒子，它们是对撞粒子的能量物质化后形成的。这些粒子中的大多数已不再存在于宇宙中：它们太容易消逝，很快就转变成为其他更轻和更稳定的粒子，成为了今天的物质组成部分。但是根据不变的物理定律，宇宙仍然保存了重新产生那些现在它已经不再包含的物体的能力。这一点是很重要的，因为单凭它我们就能理解为什么粒子物理学家和天体物理学家会紧密合作了：今天在引起极高能量粒子对撞的同时，我们能够发现宇宙遥远过去的情况……

真空中充满了什么？

从古代到中世纪，人们都曾激烈地争论过真空是否存在，直到罗吉尔·培根得出一个著名理论："自然恐惧真空"。[*]这句话被人过度解读，这种对真空的恐惧甚至导致人们觉得真空就像是能够实实在在影响物体的力一样：因此，在中世纪人们错误地相信水就像其他所有物体一样，当它成为固体时会收缩，换句话说就是冰比液体水体积小；于是人们对于装水的容器会在水冻结成冰时破碎的现象的解释是，自然不愿在容器内部留下真空，而更愿意使瓶子破碎。加斯东·巴什拉试图总结关于真空的概念，曾说"真空可以将虚无带给物体，并且是将它们毁灭的因素"……[**]

---

[*] 最早有这一论断的人是古希腊哲学家（也是当时的科学家）亚里士多德，它在中世纪科学体系中被奉为圭臬。但它自提出以来就备受争议，一直持续到牛顿所在的18世纪。哲学家罗吉尔·培根生活在13世纪，如果他真的有过同一论断，也并非原创。

[**] 加斯东·巴什拉，《原子论的直觉》（分类随笔），巴黎，Vrin出版社，1975，p. 36。加斯东·巴什拉是20世纪法国重要科学哲学家，诗人。——原注加编注

　　今天，人们更多地将真空定义为在容器中清除了一切后剩下的东西。然而这一定义也是有问题的。为什么？因为如果真空存在，那么它就不是什么都没有，而是某种"特别的东西"，但奇怪的是，这特别的东西不应该在我们将真空变成"完全的虚无"的时候被除去么？而它如果是某种特别的东西，那么它又不应该存在于真空中……明白地说就是要想形成真空，就必须要除去一切，绝对的一切，除了真空本身。

　　问题来了：这个除去的"一切"里面应该包括什么？例如我们是否应该认为空间不是真空的一部分，所以我们能够将空间除去？还是我们应该认为空间是真空的一个组成部分？从这里我们可以看到，要想解释什么是"真空"，必须能够定义我们除去的一切。假设有一个罐子。原则上说我能够排除罐子里的空气，让罐子继续做容器。如果我除去罐子，那么仍然存在一个位置，一个空间。我应该清到什么时候？我应该清空多少东西才能算是真正实现了真空？这个问题的答案，就是理解"真空是我除去一切以后所留下的"这句话中的"一切"的意义，我们所根据的用来作参考的这个或那个物理理论是不同的。根据理论我们承认某些对象存在，只有从这些存在的对象出发，我们才能通过比对来定义这种或那种真空。因此何为真空似乎取决于我们选择作为参考的那个理论配备了何种本体论 (ontologique)[*]。

例如，在量子物理学中，真空并不是真空的空间。它被"疲劳物质"填满，疲劳物质由的的确确在那里却又并不真实存在的粒子组成：它们拥有的能量不足以真正物质化，所以它们不能被直接观察到。这是一些**"虚"粒子**，它们在某种沉睡的本体 (ontologie) 中冬眠，就像是睡美人。要想让它们真实存在，必须赋予它们完全重生所需的能量。真空本身可以扮演青蛙王子的角色。但事实上它扮演的角色更像是个没耐心的银行家：它同意借给虚粒子能量，但同时给出了严苛的条件——虚粒子必须很快将能量还给它。根据这个合同，虚粒子能够从真空中出现，却必须几乎立刻被摧毁并重回真空，以此来偿还能量债务。

幸运的是，还有一种方法能够更有效地唤醒**量子真空**。只需要让高能量粒子进行对撞，这就是在 CERN 里所进行

---

[*] 本体论是形而上学 (métaphysique) 的一个分支，主要研究一切现实生活中的事物所具有的基本特性，即"存在"。它也被称为存在论。

的。对撞粒子无偿地将它们的能量提供给真空，这样某些虚粒子就逃离它们的巢穴并且拿走这些能量成为真实的粒子。从长达几十亿年的梦中醒来后，虚粒子重新找回了它们在原初宇宙中所拥有的活力，并通过或多或少的能量从量子真空中挣脱了出来。

希格斯玻色子

> 大众（质量）都有追求完美的天性。*
>
> ——维克多·雨果

正是得益于这一策略，物理学家在 CERN 探测到了**希格斯玻色子**。这一发现在 2012 年 7 月公布，产生了巨大影响，引起了我们对最老的物理概念之一"质量"的理解革命。不过对于质量而言，它似乎注定依然是物体的一个重要特性，这个物理量也没什么神秘可言，它是可以测量

---

* 雨果的这句话放在这里是个双关，原文主语为"les masses"，既能表示"质量"，也可用来指"大众""群众"。

的（用千克来表示）同时也是用来测量的（它用来表示物体的"实体性"程度）。用这种方法来看待质量，我们还能挑出什么毛病呢?

其实还是有很多东西可挑的!因为希格斯玻色子的存在揭示了，与其说质量是基本粒子的一种固有特性，是它们自身所带有的特征，不如说它更像是一种间接特性，它是粒子与真空的相互作用所造成的!事实上，真空内的的确确是有东西的。它尤其包含了能够创造质量的东西，也就是惯性，基本粒子通过它来抵抗着各种力。

为了能够更好地理解这这一部分，我们要重新好好回顾一下我们是用怎样的方式来理解粒子间的相互作用的，当然也不需要非得深入到细节中的细节里。

我们之前已经说过，人们非常机智地在粒子物理标准模型中使用对称的概念。在这无限小的世界里，有趣的对称充斥着抽象空间，只有数学家才知道如何将它们表达出来。在力的作用下，对称和物理系统有着直接的联系，而这也是为什么我们能很有效地识别出这样或那样的现象背后是哪种对称类型在操控。为了处理相互作用，物理学家利用一定数量的对称原理来进行有效的预测。但是这些原理也引起了一个恼人的问题：它们要求这些相互作用的粒子质量应该为零！光子的情况的确如此，光子是电磁相互作用的媒介（作用范围无限）。但弱相互作用（作用范围非常短）的媒介粒子却完全不是这样，它们的质量几乎是1个质子质量的100倍。这一理论和实验之间明显的矛盾在一段时间内使理论的一致性遭到质疑。但是1964年的夏天，弗朗索瓦·恩格勒、罗伯特·布鲁还有彼得·希格斯分别单独提出了理论解决方法，使得标准模型方程式和经验数据能够统一：这个方法就是假设存在一个量子场填满了整个空间，没有质量的基本粒子与这个量子场有着或强或弱的相互作用，这些粒子运动减慢的方式和它们有质量时运动减慢的方式相同。根据这一概念，质量就只是粒子的次要特性，因为粒子与真空摩擦，更确切地说是粒子与真空中的量子场摩擦，这个量子场被称为**"希格斯场"**。我们可以打个比方来解释其中发生的情况：基本粒子就像是没有质量的踩着滑雪板的物体，它们在类似于雪场的希格斯场上移动；有的粒子的滑雪板上完美地上好了蜡，它们可以没有摩擦地移动，也就是以光速移动，它们的质量为零；有的粒子的滑雪板没有上蜡，它们在雪上滑行得没那么顺畅，速度比光速慢，它们的质量不为零。质量的大小于是就可以被视作粒子脚踩的滑雪板的上蜡情况……

希格斯玻色子的发现证明恩格勒、布鲁和希格斯的这个观点是相当出色的，希格斯玻色子正是与希格斯场相关的粒子。这一发现的实现得益于我们前文提到过的大型强子对撞机。我们不难猜到这样一个项目中科技所起到的作用：两个极小尺寸的光束，以几乎等同于光速的速度沿着周长为27公里的圆形隧道相对而行，每秒绕隧道11245次，它们在明确指定的位置正面相撞。1252块15米长的超导偶极磁体在极高的磁场中被流体氦冷却，分布在整个隧道上，引导着在其中运动的质子，这些质子在超导射频腔里获得的能量，约等于一只正在飞行中的蚊子的能量。来自世界各地的几千名工人、物理学家、技术员和工程师花了很长的时间才设计并建造完成了这样一台机器。

希格斯玻色子的发现影响远不止于微观世界，它同时也关系到宇宙学。三位设想希格斯玻色子存在的物理学家提供的解释，实际上援引了一种叫作**"自发对称性破缺"**的过程，这种过程在宇宙历史早期可能产生过影响。自发对称性破缺指的是什么呢？事实上这是件非常复杂的事，但是为了理解它我们可以再次大胆尝试类比：将一个小珠子放在一个瓶子的底部（或者说它的屁股上），瓶底的外形像鼓起来一个包；在所有可能的位置中，最对称的是瓶底中心位置，也就是最高的位置（就像前面说的，瓶底中心是鼓起的）；但是这个地方是那么不稳定，如果我们将珠子放在那里，它很快就会朝任意一个方向（或右或左，或前或后）滚向瓶底的边缘；最终珠子会占据的位置将没有它最初的位置那么对称，而它最终的能量也会比开始的能量弱（因为珠子向一个更低的方向滚落时会失去势能）。这就是我们的一个例子，系统一开始时拥有的动力会倾向于降低系统当时所具有的对称性：最终的状态是系统拥有比此前更少的能量，它的对称性也不如初始时那样完美。正是这种类型的现象被物理学家称作"自发对称性破缺"。

原初宇宙中这种自发对称性破缺结束后，此前还混合在一起的、以4种零质量的球（3+1）为媒介的电磁相互作用和弱相互作用，突然得到了区分；它们变成了我们今天所了解的模样，电磁相互作用有着无限的作用范围和1种媒介球，弱相互作用的作用范围很短却有3种媒介球。

这样的一个过程被称为"希格斯机制"，能够赋予最

初没有质量的 W^+，W^- 和 Z^0 粒子以非零的质量（即使不确定赋予粒子的质量是否为零，至少粒子最后的质量不为零）。因此，这一机制极大地缩短了弱相互作用的作用范围。

这些不禁使我们想到宇宙密度还很大、温度还很高的时候，那时粒子并没有质量：它们就像是敏捷的天使，在真空中以光速传播；然后希格斯场突然遍布整个空间，赋予粒子非零的质量并保持至今。这一事件造成了另一个影响，它开启了粒子的"固有时间"（根据爱因斯坦的相对论，一个物体只要有质量就有属于它的固有时间）。也就是说从这个时间开始物质的时钟开始运行，我们可以叫它"尘世的天使时钟"（l'horloge des anges ici-bas），而将这个词组中所有的字母重新组合可以令人惊讶地组成希格斯的标量玻色子（le boson scalaire de Higgs）……

5

粒子物理的一些开放性问题

如果我们能为自然戴上眼镜，

即使在有雾的日子里，我们也会看清。

——豪尔赫·路易斯·博尔赫斯

在 20 世纪里，正如我们之前已经看到的，这些"微观世界的征服者"（科学家们），在一百年前还在怀疑原子的存在，而现在已经取得了令人赞叹的进步。他们首先成功地鉴别出许多粒子并将它们归类。我们尤其不能忘记的是，他们证明了电磁相互作用和弱相互作用虽然看起来非常不同，但并非毫无关系：在宇宙遥远的过去，它们是相同的一种力，后来才分开。

这种将不同的力统一的尝试在一定程度上扩展到了形成原子核内聚力的强相互作用上。而获得的结果则是，我们能够通过相似的数学原理对四种基本力中的三种进行描述。这一结果也是粒子物理标准模型的组成部分。

那么一切就这么一锤定音了吗？物理学家们是第一批站出来说不的。因为他们已经提出一些概念方面的问题。首先，在距离非常近的情况下，以标准模型为依据的一些原理相互间存在激烈冲突，一些方程式不能成立。必须引入一个新的概念框架以描述在原初宇宙中高能量情况下产生的现象。其次，标准模型将第四种基本力——引力放到了一边，单独用广义相对论进行描述。如何将引力纳入标准模型中呢？或者说，如果我们不能将它纳入标准模型，那么如何构造一个综合框架能够同时描述引力和其他三种基本力呢？这一问题非常棘手，因为粒子物理标准模型的时空是不易弯曲的平面，而广义相对论的时空是易弯曲而且是动态的。

一些大胆的理论家尝试着迎接这个挑战。像夜莺天生会歌唱一样，这些人似乎生来就拥有计算能力，他们毫不费力地提出了许多奇怪的假设，例如时空拥有四个以上的维度，或者时空是非连续的而不是光滑。他们所构思的"新物理"非常迷人。这是因为它们不再被束缚，不用被迫在先验的时空中运转，而能够形成脱离时间或脱离空间的结构，然后在此基础上创造自己的时空舞台。小鸟所占的空间和摆钟所描述的时间难道只是这样的一些简单的概念，它们能够产生于一种在微观层面上没有包含它们的结构中？但这并不是唯一的问题。其他理论层面的难点仍然存在，而且某些严峻的问题还在等待着明确的答案。在接下来的几页中，我们将阐明物理学家们的某些疑问，在接下来的十年或二十年里他们将会通过理论、实验及观察，给出这些疑问的解答。

自然是"超对称的"吗？

自然这出戏可少不了众多角色的参与。

——维克多·雨果

为了使得论证简洁明了，理论家们将对称观点推进得非常深入，在物质和它的相互作用之间设置了某种"桥"：他们打算用类似的方式描述各种力和粒子，假设在承受着力的物质粒子和传递力的球之间存在着某种秘密联系。这就是今天我们之称为"超对称"的基本原理。这一理论于1970 年代提出，它主张物质粒子和相互作用粒子是绝对均等的。这种绝对均等能够存在的条件是物质的某种"二分"（dédoublement）：对于每个已知的粒子，超对称实际上都会为它配对一个"超对称伙伴"粒子——与电子配对的是超电子，夸克配对超对称夸克，光子配对光微子，以此类推。正如我们所见，这一操作顷刻间就将基本粒子的总数翻了倍。

超对称在统一基本力的道路上迈上了一个新台阶，希望以这样的方式走出标准模型的牢笼。尽管还没有找到任何能够支持它的实验证据（在今天已知的粒子中，人们还没有发现任何一个"超对称伙伴"），但是超对称理论仍然吸引着物理学家。事实上这个理论非常美好。但对于物理学家们来说，这并不足够，因为所有人的经验都告诉他们美好的事物并不一定就是正确的。那么，如何知道自然是否的确"采用了"超对称呢？超对称理论回答道，只要将"正常的"粒子（如质子）加速到它们的能量高到能够在非常激烈的对撞后出现超对称粒子，那就说明自然采用了超对称。这个理论甚至解释道，这些超对称粒子应该会成对出现，然后每个超对称粒子都应该会衰变成为一个普通粒子和另一个超对称粒子。但是现在，没有任何超对称粒子被探测到。我们能否在接下来的几年内通过 LHC 观察到其中之一呢？如果不能，那么我们就要开始怀疑超对称背后的原理到底是不是正确的了。

中微子也是反中微子吗？

> 在这个世界上，有一件恐怖的事情，就是所有的人都有自己的理由。
>
> ——电影《游戏的规则》，奥克塔夫台词

中微子的存在是由沃尔夫冈·泡利于 1930 年提出的，而在 1955 年这一基本粒子通过实验展示在人们眼前。在这一发现过去六十多年以后，物理学家们仍然不知道中微子是不是它自己的反粒子……

这一问题在理论上至关重要。要确定这一问题的答案，我们需要解释为什么被观察到的中微子总是"左撇子"，即为什么它们自旋的方向与它们的速度方向相反。同样我们也需要解释为什么反中微子却总是"右撇子"，它们自旋的方向总是与它们的速度方向相同。根据狄拉克理论，中微子可以是左旋或右旋的，反中微子也一样。但是在给定的参考系中观察到的左旋中微子可能在另一个参考系中会被观察到是右旋的，反中微子也一样。只要这另一个参考系的移动速度比中微子更快，但这种情况只在中微子的

质量很大时才可能存在，因为这时中微子在真空中的运动
比光速慢，因此理论上来说它能够被超越。因为我们设置
的运动系统的参照系不能比中微子更快，这就解释了为什
么我们观察到的中微子都是左旋的而反中微子都是右旋
的。但据另一位理论物理学家埃托雷·马约拉纳在1933年
提出的理论，中微子和反中微子有可能只是一个相同的粒
子。左旋中微子的反粒子不是别的，而是右旋中微子，反
之亦然。那么，怎么才能知道狄拉克和马约拉纳之中谁是
对的？除了用实验来分别验证他们的理论以外，别无他法。

　　可以产生成对的中微子的现象非常罕见，例如**"双β
衰变"**，它不像传统的β衰变那样会产生一个电子和一个
中微子，而是由原子核放射并同时产生两个电子和两个中
微子（其实是两个反中微子）。这一衰变，是某些原子核
特有的，例如钙48，锗76，硒82和几种其他的原子核，
而这种情况并不常见。但是物理学家们如今仍尝试着探测
更加稀少的现象，即只释放两个电子而不释放任何中微子
的现象。他们的想法是如果产生的是"马约拉纳"中微子，
就是说中微子与它自己的反粒子相同，那么无论是中微子
还是反中微子，它一遇到自己的同类之一就应该能被销毁，

因此由 β 衰变产生的两个中微子在最终阶段将会消失。

现在有许多国际上的实验都在尝试进行捕捉这种"不释放中微子的双 β 衰变"。支撑这些实验的原理是聚集最多数量的备选原子，例如硒 82 或锗 76，将它们置于地底以使它们免受宇宙射线的辐射，并耐心等待和探测这种现象的产生。根据狄拉克理论，这种新形式的放射性是完全不可能出现的，而根据马约拉纳理论它却可能被观察到。我们可以猜到，要想发现"不释放中微子的双 β 衰变"毫无疑问是非常不容易的，如果真的观察到这个现象，它将是一个惊人发现，它会使我们不得不修改现有粒子物理标准模型里中微子的地位，开启通向"新物理"的道路。

反物质是如何消失的？

> 和谐才是傻瓜们的德行。
>
> ——奥斯卡·王尔德

物理学家坚信宇宙中被识别的物质几乎完全由粒子组成，而不是反粒子：也就是说，除了在物理学家制造反物质的实验室之外，反物质几乎不存在。但我们也知道情况并非一开始就如此：在遥远的过去，宇宙中包含着几乎同样多的物质和反物质。于是就出现了这个问题：粒子和反粒子有着对称的特性而且它们受到了完全相同的作用力，那为什么我们的世界更多是由粒子而不是反粒子构成呢？

我们知道各星系是空间中物质组成的岛屿。其中会不会有完全由反物质组成的星系呢？人们曾提出这一假设，但对星系的观察表明这一假设并不成立，因为物质星系和反物质星系之间的碰撞如果存在，那么因湮灭而产生的高能量高密度射线，会分散在天空的所有方向。然而科学家从未观察到这种射线。另外，没人能想象出这是一个怎样的过程，它能够完全分离物质和反物质，然后两者能够分别组成大型的同质结构。于是我们只能接受在我们的宇宙中存在着如此彻底的不对称：物质主宰着宇宙，反物质则被消除了。

宇宙学的标准模型预言原初宇宙应该包含等量的物质与反物质，两者平衡，在光子气体中不停地湮灭并相互产生。宇宙的膨胀逐渐在这一中心冷却回缩，并且在有限的体积内减弱了它可用的能量。首先消失的是那些需要更多能量来物质化而成的、拥有很大质量的粒子，它们通过衰变而产生了其他质量更轻的粒子。最轻的粒子得以生存，因为宇宙膨胀使得它们彼此间的距离逐渐变得更远。粒子的密度相应降低，使得物质与反物质之间的湮灭越来越少。但这一切还不足以造成物质和反物质数量的失衡。那么我们就需要假想，在遥远过去的宇宙里有这样一个机制，使得反物质消失而让物质占据了宇宙。

首先（1967 年）提出了物质比反物质稍微多出一点这个设想的是后来的诺贝尔和平奖获得者安德烈·萨哈罗夫，同时他也指出了这种不对称的出现所必须具备的三个条件，其中包括有些粒子的表现并不是在任何情况下都与它们的反粒子完全相同：这就是我们所说的"CP 破坏"，我们已经在某些粒子身上观察到这一现象，例如中性的 K 介子或 B 介子。萨哈罗夫解释说如果能充分满足自己提出的三个条件，那么在宇宙初期产生的质子和中子（这些质子和中子构成了我们现在的物质）的数量是比反质子和反中子的数量略高的。反物质被物质抵消后，所有的反物质及大部分物质应该就消失了，但是多出的那很少的一部分物质（大约为十亿分之一）幸存了下来：它们形成了今天我们观察到的物质以及我们所创造的物质。于是目前宇宙的物质也许正是一场巨大杀戮过后寥寥无几的幸存者。

　　此后就是不停地证实又推翻这一推测。很长时间里，物理学家都在思考夸克和反夸克之间的运动差别能否足以解释物质最终胜出的原因。但现在仍没有任何答案线索提出，物理学家们开始将希望寄托在中微子上。这条新线索可能会为物理学家们带来答案，但他们的实验仍然没有得出结果。不过还是有件事情得以证实：如果中微子被证实是"马约拉纳的"而非"狄拉克的"，那么问题的很大一部分就得到了解决。

暗物质是由什么组成的？

> 这是怎样的疯狂啊，
>
> 怎样的疯狂才会想要挑战界限并
>
> 研究上界，就像人类的思想能够看见并
>
> 看清甚至不在可见范围内的事物一般。
>
> ——老普林尼

　　几十年以来，对星系越来越细致的观察使人们感到不安。因为如果我们假设引力定律是我们已知的部分，那么了解星体在星系中速度大小的唯一方法，就是假设星系的可见部分被拥有巨大质量的不可见物质（即**暗物质**[*]）包裹其中。最近，一些其他现象使人们加深了对这一想法的信任。例如，我们知道光会偏向高质量物体。在到达地球途中，某些遥远星系发出的光需要从某个星系团附近经过。那么这束光的路线就会发生弯曲，就好像它穿过了一个光学系统。这个星系对我们来说就不再是发光的一个点，而是发光的弧形，我们称这种变形现象为**"引力透镜"**。根据这些弧形的形状和大小，我们能够推测出造成这一变形的星系团的质量。而结果是清楚的：这样测量出来的星系团的质量是它可见质量（即它所含的可见星体质量）的 10 倍。所以不可见质量的确存在，这就是产生引力但却不发光的暗物质。

这个暗物质是由什么产生的？它可能是由我们已知的粒子例如中微子组成的吗？许多物理学家在最初都想到了这点，但是今天这一假设已经被推翻了。那么这是种由全

---

[*]　在宇宙学里，暗物质是指无法通过电磁波观测进行研究、也就是不受电磁相互作用影响的物质。人们目前只能透过万有引力产生的效应得知暗物质，而且已经发现宇宙中有大量暗物质存在。

新粒子组成的物质吗？也许吧。那么是哪些粒子？不止一个物理学家想要知道这个答案。

是什么加速了宇宙膨胀？

> 当我们排除了不可能，剩下的，即使看起来再不像真的，也应该是真的。
>
> ——夏洛克·福尔摩斯

得益于新的探测手段的使用，在近些年我们采集了许多来自宇宙的数据。特别是天体物理学家成功精确地分析了在爆炸中某些遥远的恒星（即我们所说的"超新星"*）所发出的光。他们自己都对他们的发现感到震惊。

天体物理学家观察到的遥远超新星与极其耀眼的爆炸相对应。超新星由密度非常高、个头不大的一个恒星（称为"白矮星"），和一个更高质量的伴星组成。白矮星的质量大约与太阳质量相等，但被压缩在了等同于地球大小的

---

* 超新星是某些恒星在演化接近末期时经历的一种剧烈爆炸。

体积中，所以它的引力场非常强。这也是它拥有可怕吞噬能力的原因：它撕裂并吸收伴星里的物质。这种疯狂的吞噬增加了它的质量和密度，直到引起巨大的核爆炸。白矮星通过发出非常强烈的光而变得可见，且强光会持续多日。这类天体此时发出的光与 10 亿个太阳的光相等。

这类事件的宇宙学意义是它们能够被当作光的标准。它们构成了"标准烛光"，借此可以在更大尺度上研究宇宙。拥有这一特点是因为超新星的"光变曲线"*之间非常相似，都是首先达到峰值亮度并持续几周时间，随后则是亮度缓慢地减弱。所以，我们观察到的两条光变曲线之间的所有区别都只能是来自距离：超新星离我们越远，我们接收到的它的光越弱。通过对这些光强度的测量，我们便能够计算发出光的恒星和我们的距离，就像我们也可以通过比较汽车大灯表面发出的光和它的固有光强来判断汽车的距离一样。

观测结果显示这些超新星比"传统"宇宙学模型预计的距离更加遥远！这些结果证明了宇宙膨胀与我们此前所

---

* 　随着时间变化天体的亮度也会发生变化，将这种关系呈现在二维坐标（横坐标度量时间，纵坐标度量亮度）中，我们就得到了光变曲线。

想象的相反，在几十亿年以来一直处在加速阶段。这说明了什么呢？在膨胀过程中，引力扮演了制动器的角色，因为它总是具有吸引的效果：引力尝试着将大质量天体相互拉近，所以物质只能减慢膨胀的速度。但是我们前面所说的测量似乎证实了另一个与引力作用相反的过程，它扮演了一个加速器的角色。一切就好像是被某种"反引力"所引导，它迫使宇宙不停加速膨胀。

这一加速的动力是什么？没有人能确切了解。物理学家们在知道自己对此并不了解的情况下，将这种动力称为神秘的**"暗能量"**。

最勇敢的物理学家仍然提出了关于"暗能量"性质的几种假设。例如它可以是**"宇宙学常数"**。爱因斯坦在 1917 年引入这一标准，它的确符合宇宙空间对自己的某种斥力。从那时开始，如果宇宙学常数的值不为零，那么它就应该代表了宇宙的加速膨胀。但是也有其他的线索被提出。例如，我们不能排除暗能量来自一种"奇异物质"，它与一般的物质相反，能够加速宇宙膨胀。这种奇异物质，与我们所知的物质有着根本的区别，它可能占到宇宙质量的 70%。但是它是由什么组成的呢？这个问题也仍然没有答案。最后，某些物理学家提出了可能作为备选的答案——量子真空（即使没有任何证据表明它对宇宙产生了引力作用）、空间的"额外维度"、神奇的"第五元素"，还有人建议修改引力定律，或认为与希格斯玻色子相关的场就可能符合答案……

尽管我们不了解它们的性质，暗物质和暗能量仍然确确实实存在。至此我们能够肯定的是，由恒星、星系组成的可见的、普通的物质，似乎是由原子组成，但其实这只是宇宙所包含事物中的一小块地带，是宇宙中可见的小泡沫。它只占了宇宙内整体事物的 3% 到 4%，绝对不会超过这个比例！这足以让 20 世纪的物理学家保持谦虚，就算他们已经获得了许多的发现……

对"超弦"理论我们应该抱有怎样的期待？

> 如果你的弓有许多弦，那么它们会相互扰乱，
> 而你将不再能瞄准。
>
> ——儒勒·列那尔

今天许多物理学家认为对于标准模型进行必要的完善

只能通过修改对基本物体的表达，以及修改对时间和空间的表达。

如今人们正在研究一条线索，即超弦理论。超弦理论最初的基础在 1970 年代提出，这一理论的目的是建立一个整体框架以同时囊括描述了基本粒子的量子物理学，和描述了引力作用的广义相对论。我们在前文已经看到，量子物理学和广义相对论的确从概念上来说是不能兼容的：量子粒子的时空是平面的、绝对的和不易弯曲的，而广义相对论的时空却是易弯曲的、动态的，这类时空总是被它所包含的物质的运动改变形状。

超弦理论尝试超越量子物理学和广义相对论的范围，在这里粒子不再表现为没有维度的物体，而是细长的物体——**超弦**——**在超过四个维度的时空中振动**！更确切地说，超弦理论将我们所知的所有点状粒子替换为唯一一种可展开的物体：超弦，它在比普通时空多出六个维度的时空中振动。超弦可以是开弦，即有两个定死的端点，或闭弦。超弦不同形式的振动对应了可能存在的不同粒子：一种形式对应电子，另一种对应中微子，第三种对应夸克……

通常的粒子，即我们所知的粒子，对应的是频率最低的振动方式。其他更重的粒子对应的是频率更高的振动方式。它们还在等待我们的发现（如果它们真的存在的话！）。

超弦理论目前没有提出任何可检测的预测，想要确认或取消这一美好的构想，我们还得依靠实验结果来说明。但是如何能够凸显这些与时空存在额外维度相关的新物理现象呢？几年前，物理学家们设想额外维度的大小只能是物理学所能描述的最小的长度，即**"普朗克长度"**，约为 10^{-35} 米。在这种情况下，在这些额外维度之一里发生的任何物理现象的表现，似乎都远远超出我们目前所拥有的观察工具所能观察到的范围，包括最强大的粒子加速器。在 10^{-19} 米量级上，LHC 只探测过各自带有 7TeV（1TeV 是 10^{12} 电子伏特，即 1.6×10^{-7} 焦耳）的两个质子束的对撞。这样的距离，是普朗克长度的 10^{16} 倍，想要通过 LHC 观察任何超弦存在相关的影响，都还相差甚远。至少在很长时间内我们都是这么认为的。

然而，1996 年，平地响惊雷：物理学家们相信额外维度的大小实际上是超弦理论的自由标准，所以应该没有任何理由将之固定为普朗克长度。自此，某些理论家们则热衷于它应该可以在 10^{-19} 米量级上的想法。如果他们是正确的，那么与空间的额外维度相关的某些影响就可能通过 LHC 探测到。

结语：

令人深思的物质

注意保持理智。

——伊拉斯谟

　　粒子物理学出现刚刚一个世纪，却已成为成熟又非常吸引人的科学，它承载着我们，一群如同迷失方向、惊慌失措的游客，将我们带到奇异的世界里，在那里我们的直觉失去了参照物。粒子物理学构成了一门边缘学科：在理论表述中，它运用了非常复杂的数学概念，这些数学概念远远超过了高中数学的程度。在实验方面，粒子物理学永远处于科技所能达到的最尖端。这个世界具有"无限小"、不可触摸的特点，这一情况迫使我们以艰难又复杂的手段来探索粒子物理世界。可以说，这是我们希望对这无限小的世界有一星半点了解所需付出的代价。

　　人类在近几十年所积累的知识数量之大、范围之广是令人震惊的，有这样的进步当然是很不容易的。尽管如此，我们必须将其中最重要的部分传播下去，因为在粒子物理学的整个发展历史中，它摧毁了偏见，打破了所谓的确信的事情，打开了前所未有的前景。因为自己的迅速发展，粒子物理学获得了决定性的突破，这种突破甚至打破了粒子物理学自身的框架。比如当我们在粒子物理学领域里得出一个至关重要的结果时，人们马上就会在思想上产生极大反响，而后便在哲学领域上推翻某些既定的条条框框，最后人们又会陷入原则上与粒子物理本身并无太大关系的辩论。按照哲学家莫里斯·梅洛-庞蒂的说法，我们可以说这是由物理学家获得的"否定的哲学发现"。这些发现是珍贵的，因为它们是人类智慧的结晶。在今天，谁还敢在讨论并且论述物质的时候仅仅使用亚里士多德的理论，而闭口不提曾经遭到哲学家们质疑的原子的发现？或者在对"真正的"自然进行论述时毫不引用革命性的量子物理学内容？或者在对时间或空间的结构进行论述时不考虑爱因斯坦相对论的影响？当我们正确看待它们的价值时，物理学最重要的进步迫使部分哲学思想重新活跃起来，有时则使这些哲学思想开拓出新的道路，此时如果不追随着这些道路走下去，日后我们恐怕会留有遗憾。

术语汇编

反粒子　所有的粒子都有相对应的反粒子，它们质量相同但所带电荷相反。反粒子的存在（更广泛地说是反物质的存在）是在 1930 年代提出的。从理论观点来说，物理学家要尝试统一狭义相对论和量子物理学以便能够描述非常快速的粒子，反粒子的存在是必需的。

原子　由一个原子核（质子和中子非常紧密地组合在一起）和外层电子云（由外围电子构成）组成的实体。

重子　受强相互作用影响并由三个夸克组成的粒子。

宇宙大爆炸　理论模型，经观察之后得到充分肯定，根据这一理论，宇宙首先经过了非常高温度和高密度的阶段，然后随着膨胀，它的温度和密度逐渐降低。

希格斯玻色子　这种粒子的存在于 1964 年提出，物理学家用它来解释基本粒子如何获得质量。2012 年，凭借欧洲核子研究组织（CERN）里安置的大型强子对撞机——LHC，物理学家探测到了希格斯玻色子。

粒子对撞机　一种加速器，运动方向相反的粒子束在其中发生对撞。目前的对撞机是圆形的。以后的对撞机也许会是直线形的。

电磁学　建立于 19 世纪的研究电和磁（更广泛地说是研究光学和化学）现象定律的科学，第一篇电磁学理论总结是由苏格兰物理学家詹姆斯·麦克斯韦提出的，这篇总结以方程式的方式进行表达，这些方程式后来称为麦克斯韦方程式。

电子　带负电的基本粒子，构成原子的粒子之一。相邻原子电子间的电磁相互作用决定了将原子组成分子的化学键。

电子伏特　粒子物理学中使用的能量单位。1 电子伏约等于 1.6×10^{-19} 焦耳。1MeV 等于 10^6 电子伏，1GeV 等于 10^9 电子伏，1TeV 等于 10^{12} 电子伏。

库仑力　通过这种力，两个同种电荷相互排斥，异种电荷相互吸引。这种作用的强度随着两个电荷之间距离的增加而以距离平方的倒数减少。

强子 对强相互作用敏感的粒子。强子分为两类：一类是由三个夸克组成的重子，另一类则是由一个夸克和一个反夸克组成的介子。

电磁相互作用 以电、磁、光学和化学现象为基础的相互作用。它在物理中无处不在。

引力相互作用 一直起着相互吸引作用的相互作用，它的作用范围广，但是强度比其他基本相互作用的强度弱得多。

弱相互作用 这种相互作用是引起某些放射性的根源，特别是中子衰变成质子、电子和反中微子的现象。

强相互作用 作用范围不大，但是它保证了夸克间的联系并将原子核内的核子（由夸克组成）维系在一起。

轻子 不受强相互作用影响的粒子。带电的轻子参与弱相互作用和电磁相互作用。中性轻子（中微子）只承受弱相互作用。

介子 对强相互作用敏感的粒子，由一个夸克和一个反夸克组成。

中微子 不带电的粒子，质量很小，在某些核反应中形成，极少与物质相互作用。中微子有三种。

中子 原子核的组成部分之一（另一部分是质子）。它由三个相互作用的夸克组成。它的电荷为零。当中子独自存在时，最终（几分钟后）它会衰变为质子、电子和反中微子。

原子核 原子的心脏，密度非常高，是原子重量的主要部分。所有的原子核都是由质子和中子组成的。

光子 光的基本颗粒，更广泛地说是电磁辐射的基本颗粒，可见光只是电磁辐射的形态之一。光子的质量为零。光子承载着最基本的电磁相互作用。

量子物理学　一种运用了数学的形式体系，是除引力理论之外整个当代物理学的基础。

正电子　电子的反粒子（带正电）。它的质量与电子的质量完全相等。

质子　原子核的组成部分之一（另一部分是中子）。它带有一个正电荷。和中子一样，质子由相互作用的三个夸克组成。

夸克　组成强子（即对强相互作用敏感的粒子）的基本粒子。夸克有六种（专业人士称为六"味"）。

广义相对论　爱因斯坦于 1916 年提出的引力理论。在广义相对论中，引力不再被描述成一种在空间中作用的力，而是时空的变形，这种变形是物质和时空中包含的能量所造成的弯曲。

狭义相对论　爱因斯坦于 1905 年提出的理论，这个理论引入了时空概念，取代了在那之前相互独立的时间概念和空间概念。它的推论是质量和能量等价。如果一个粒子的速度与光速相比都不可忽略，那么这个粒子就是"相对论性粒子"。

自旋　粒子的内部性能，与通常的以自身为轴心旋转的概念相似却不一样。当我们沿着任意方向对它进行测量，电子的自旋都只能有两个值：$\frac{h\pi}{4}$ 或 $-\frac{h\pi}{4}$，其中 h 代表普朗克常数。如果我们将电子想象成一个带电的小球体，半径约为 10^{-15} 米，而将自旋看作是这个球体绕着自己的轴转动，那么（因为速度叠加）电子表面的速度就应该大于光速。自旋的存在本身就迫使我们放弃从经典物理学中寻找电子模型的灵感。

补充阅读

Bernard Bonin, Etienne Klein, Jean-Marc Cavedon, *Moi, U235, atome radioactif* (《我，铀 235, 放射性原子》), Flammarion, Paris, 2001.

Gilles Cohen-Tannoudji, Michel Spiro, *Le Boson et le chapeau mexicain*(《玻色子和墨西哥帽》), «Folio essais», Gallimard, Paris, 2013.

Michel Crozon, *L'Univers des particules*, coll. «Points-Sciences» ("焦点-科学"系列,《粒子的宇宙》), Editions du Seuil, Paris, 2006.

Christophe Grosjean, Laurent Vacavant, *A la recherche du boson de Higgs* (《寻找希格斯玻色子》), Librio, Paris, 2013.

Gordon Kane, *Supersymétrie* (《超对称性》), Le Pommier, Paris, 2003.

Etienne Klein, *Petit voyage dans le monde des quanta*, coll. «Champs» ("场"系列,《量子世界中的一次小旅行》), Flammarion, Paris, 2004.

Etienne Klein, *Il était sept fois la révolution: Albert Einstein et les autres* (《七次革命：阿尔伯特·爱因斯坦和其他人》), Flammarion, Paris, 2005.

Lee Smolin, *Rien ne va plus en physique! L'Echec de la théorie des cordes* (《物理的一切都不行了！弦理论的失败》), Dunod, Paris, 2007.

物质的秘密

François Vannucci, *Les Particules élémentaires*, coll. «Que sais-je?» （"我知道什么？"系列，《基本粒子》），PUF, Paris, 1992.

译名对照表

专名对照表

B

白矮星　naine blanche

伴星　étoile compagne

贝克（勒尔）　le becquerel

本体　ontologie

　　本体论　ontologique

标准模型　modèle standard

　　粒子物理标准模型　modèle standard de la physique des particules

　　宇宙学标准模型 modèle standard de la cosmologie

标准烛光　bougies standard

玻色子　boson

　　规范玻色子　boson de jauge

　　希格斯玻色子　boson de Higgs

　　中间玻色子　boson intermédiaire

捕获　se capturer

布朗运动　le mouvement brownien

C

CP 破坏　violation de la symétrie CP

场　champ

　　希格斯场　le champ scalaire de Higgs

超导射频腔　cavité radiofréquence supraconductrice
超导偶极磁体　aimant dipolaire supraconducteur
超弦理论　théorie des supercordes
超新星　supernovae

D

大型通用机器　grande machine universelle
第五元素　quintessence
电磁学　électromagnétisme
电荷　charge
　　正电荷　charge électrique positive
电位差　différence de potentiel
电子　électron
　　超电子　sélectron
　　价电子　électron de valence
　　正电子　positron
电子伏特　électronvolt
定律　lois
动能　énergie cinétique
动态的　dynamique
对称　symétrie
　　对称群　groupe de symétrie
　　超对称　supersymétrie
对点　antipode
对撞机　collisionneur
　　粒子对撞机　collisionneur de particules
　　大型强子对撞机　LHC
　　质子和反质子对撞机　collisionneur de protons et d'antiprotons

E

额外维度　dimensions supplémentaires

F

反应堆　réacteur

放射性　radioactivité

　　放射性周期　période radioactive

　　天然放射性　radioactivité naturelle

辐射　rayonnement

宇宙射线　rayon cosmique

辐照　irradier

G

盖革计数器　Compteur Geiger

固有时间　temps propre

光变曲线　courbes de lumière

光谱　spectre

　　光谱带　raies

光子　photon

光子气体　gaz de photons

光电效应　l'effet photoélectrique

光微子　photino

规范场论　théorie de jauge

H

核反应　réaction nucléaire

核力　la force nucléaire

化合　se combiner

化合价　valence

化学键　liaisons chimiques

J

胶子　gluon

焦耳　joule

解离　se dissocier

介子　méson

　　B 介子　méson beaux

　　K 介子　kaon

经典力学　la mécanique classique

径向加速度　accélération radiale

矩阵　matrice

K

颗粒（微粒）　grain

夸克　quark

　　超对称夸克　squark

　　反夸克　antiquark

　　（夸克的）色　couleur

　　（夸克的）味　saveur

库仑力　force électrique

L

镭　radium

累加效应　l'effet cumulatif

离散差　dispersion

粒子　particule

　　反粒子　antiparticule

　　混合粒子　particules composites

基本粒子　particule élémentaire

介导粒子　particule mediatrice

入射粒子　particule incidente

特征粒子　particule caractéristique

虚粒子　particule virtuelle

粒子加速器　caracteristique

量子　quanta

量子物理学　physique quantique

量子跃迁　saut quantique

量子真空　vide quantique

裂变　fission

M

μ 子　muon

　　反 μ 子　antimuon

N

内聚力　cohésion

能量　énergie

　　暗能量　énergie noire

　　负能量　énergie négative

P

普朗克长度　longueur de Planck

普朗克常数　la constante de Planck

Q

强子　hadron

轻子　lepton

S

时空　espace-temps

　　时空的　espatio-temporel

实体　entité

实在　réalité

势能　énergie potentielle

守恒　se conserver

　　守恒定律　Loi de conservation

衰变　désintégrer, désintégrationtransmutation

　　transmutation

　　双 β 衰变 double disintegration β

衰减　décroissance

双物体组合　deux corps

T

τ 子　lepton tau

　　反 τ 子　antitau

同位素　isotope

W

外围电子　cortège d'électrons

物质　matière

　　暗物质　matière noire

　　物质化　matérialiser

　　反物质　antimatière

　　疲劳物质　matière fatiguée

X

希格斯机制　mécanisme de Higgs

相对论　relativité

　　广义相对论　relativité générale

　　狭义相对论　relativité restreinte

相互作用　interaction

　　电磁相互作用　interaction électromagnétique

　　强相互作用　interaction nucléaire forte

　　弱相互作用　interaction nucléaire faible

　　引力相互作用　interaction gravitationnelle

形而上学　métaphysique

星系高温　fournaises stellaires

星系团　amas de galaxies

雪崩式反应　réaction en avalanche

Y

湮灭　annihilation

（万有）引力　gravitation

　　引力子　graviton

引力透镜　mirage gravitationnel

宇宙学常数　constante cosmologique

原理　principe

　　不确定性原理　le principe d'indétermination

　　因果性原理　le principe de causalité

宇宙大爆炸　big bang

原始气体　gaz primordial

原子　atome

　　原子核　noyau de l'atome, noyau atomique

　　核子　nucléon

　　原子序数　numéro atomique

Z

真空（空隙） vide

质点 corpuscule

质量数 nombre de masse

质能 énergie de masse

质子 proton

    反质子 antiproton

    高能质子 proton de grande énergie

重力 force de gravitation

    反重力 antigravité

中微子 neutrino

    反中微子 antineutrino

中子 neutron

重子 baryon

转变 devenir

自发对称性破缺 brisure spontanée de symétrie

自旋 spin

人名对照表

A

阿尔托，安托南　Antonin Artaud

爱因斯坦，阿尔伯特　Albert Einstein

安德森，卡尔　Carl Anderson

奥克塔夫　Octave

B

巴什拉，加斯东　Gaston Bachelard

贝克勒尔，亨利　Henri Becquerel

玻尔，尼尔斯　Niels Bohr

博尔赫斯，豪尔赫·路易斯　Jorge Luis Borges

布鲁，罗伯特　Robert Brout

C

茨威格，乔治　George Zweig

D

德普罗日，皮埃尔　Pierre Desproges

德思诺，罗伯特　Robert Desnos

狄拉克，保罗　Paul Dirac

恩格勒，弗朗索瓦　François Englert

麦克斯韦，詹姆斯·克拉克　James Clerk Maxwell

梅洛-庞蒂，莫里斯　Maurice Merleau-Ponty

N

牛顿　Newton

诺特，艾米　Emmy Noether

P

德·拉·帕利斯　de La Palisse

泡利，沃尔夫冈　Wolfgang Pauli

培根，罗吉尔　Roger Bacon

佩兰，让　Jean Perrin

普朗克，马克斯　Max Planck

老普林尼　Pline l'Ancien

S

萨哈罗夫，安德烈　Andreï Sakharov

德·拉·塞尔纳，拉蒙·戈麦斯　Ramón Gómez de la Serna

舍维拉尔，埃里克　Éric Chevillard

斯特拉斯曼，弗里茨　Fritz Strassmann

W

王尔德，奥斯卡　Oscar Wilde

魏尔伦，保尔　Paul Verlaine

伍莱德尼克，帕特里克　Patrick Ourednik

X

希格斯，彼得　Peter Higgs

薛定谔　Schrödinger

Y

亚里士多德　Aristote

伊拉斯谟　Erasme

雨果，维克多　Victor Hugo

约里奥-居里，依雷娜　Irène Juliot-Curie

约里奥-居里，弗雷德里克　Frédéric Juliot-Curie